고양이 집사 사전

THE CAT OWNER'S MANUAL
by Dr. David Brunner and Sam Stall

고양이 집사 사전

그림으로 쉽게 배우는 생애주기별 건강, 심리,
문제 행동, 노화, 스트레스 관리

데이비드 브루너·샘 스톨 지음 | 폴 키플·주드 버펌 그림 | 박슬라 옮김

보누스

입양해주셔서 감사합니다!

방금 새 고양이를 입양했든 혹은 한 마리 키울까 고민 중이든, 진심으로 축하한다. 고양이는 행복과 즐거움을 안겨주는 반려동물로 그 명성이 이미 전 세계에 널리 퍼져 있다. 고대 이집트의 파라오부터 복잡한 대도시 아파트에 거주하는 현대인에 이르기까지, 모든 이의 사랑을 받아온 고양이는 역사상 가장 유명하고 선호도 높은 동물이다. 당신 역시 고양이를 만나면 사랑에 빠질 것이다.

고양이의 세계를 이해하고 이 놀랍도록 아름답고 섬세한 피조물을 올바르게 보살피려면 전문적인 설명과 안내가 필요하다. 이 책은 이런 이유로 탄생했다. 고양이를 키우는 이들이라면 반드시 알아야 할 것을 담았다. 이 책은 고양이와 즐겁고 조화로운 관계를 맺는 방법을 설명한다. 처음부터 순서대로 읽을 필요는 없다. 문제에 부딪히거나 궁금증이 생길 때마다 원하는 곳을 펼쳐보면 된다.

> **⚠ 주의**
>
> 이 책을 읽기 전에 당신의 고양이를 세심하게 살펴보라. 만약 11~18쪽에 실린 고양이의 신체구조와 감각기관에 대한 설명과 비교해보고 이상이 있다면 수의사와 즉시 상의하는 것이 좋다.

1. 고양이의 품종과 특성 대표적인 고양이의 품종과 특성을 간략하게 소개한다. 또한 자신의 생활방식에 가장 잘 맞는 고양이를 선택하는 데 도움이 될 정보를 실었다.

2. 고양이 맞이하기 새로 입양한 고양이를 안전하게 집으로 맞이하는 방법, 그리고 함께 생활하게 될 가족들과 동물 식구들에게 소개하는 방법에 대해 살펴본다.

3. 고양이와 소통하기 고양이를 키울 때 꼭 알아두어야 할 기본적인 사항을 소개하고, 고양이의 음성언어와 몸짓언어, 고양이가 좋아하는 놀이 등에 관해 알아본다.

4. 고양이의 습성과 훈련 고양의의 주요 습성과 훈련 방법에 대해 간단히 살펴본다.

5. 먹이 주기 고양이에게 필수적인 영양소와 식사 시간, 먹이 주는 방법, 적절한 먹이 양 등에 대해 다룬다.

6. 외양 관리 털 손질, 목욕, 발톱 깎기 등 고양이의 외양 관리 방법에 관해 자세하게 알아본다.

7. 성장과 성숙 새끼 고양이의 성장 단계, 중성화 수술, 고양이의 생리학적 나이를 측정하는 방법 등을 설명한다.

8. 건강관리와 검진 고양이의 건강 상태를 집에서 쉽게 점검할 수 있는 방법을 알아보고, 전문적인 지원이 필요할 경우 믿음직한 동물병원을 고르는 방법에 관해 다룬다.

9. 각종 질병과 응급 상황 대처법 고양이를 괴롭히는 주요 질병과 치료법, 응급 상황에서의 대처 방법 등에 대해 알아본다.

10. 짝짓기·출산·여행·노년 경연대회, 짝짓기, 임신, 출산, 여행, 고양이의 노년 등에 대해 간략히 살펴본다.

11. 부록 고양이를 키우는 이들이 가장 궁금해하는 고양이의 문제 행동과 돌발행동에 대해 알아본다. 또한 도움을 받을 수 있는 단체와 용어 설명을 수록했다.

적절하게 돌보아주기만 하면 고양이는 우리에게 무한한 기쁨과 우정을 나누어 준다. 그러나 명심하라. 고양이와 삶을 함께한다는 것은 엄청난 에너지와 인내심, 헌신적인 태도가 필요하다는 뜻이다. 배변 실수, 헤어볼 배출[그루밍 중 삼켰던 털을 입으로 토하는 것. 167쪽 참조]처럼 당혹스러운 일을 맞이할 때마다 이를 참고 견딜 만한 보람 있는 결과가 기다리고 있음을 상기하라. 사랑스러운 우리 냥이 말이다. 고양이 집사의 세계에 들어온 것을 다시 한번 환영한다!

Chapter 10 짝짓기 · 출산 · 여행 · 노년

• 본문 중 [ ]는 옮긴이 주입니다.

고양이의 신체구조

고양이의 신체적 특징은 품종에 따라 매우 다양하지만, 신체구조나 기본적인 특징은 거의 동일하다.

머리 부분

눈 고양이의 홍채는 대다수 포유류에서 볼 수 있는 원형이 아니라, 세로로 길고 가느다란 형태를 띤다. 안와 안쪽에는 '제3의 눈꺼풀(제3안검)'이리 불리는 얇은 막인 순막이 있어 안구를 보호하는 역할을 한다.

귀 고양이의 외이는 180도 회전이 가능하며, 주변 환경에 개의치 않고 특정 소리의 출처를 정확하게 짚어낼 수 있다.

코 고양이의 후각은 사람보다는 월등하지만, 개에 비하면 크게 떨어진다. 갓 태어난 고양이의 코는 어미의 배 속에서부터 이미 발달을 마친 상태이기 때문에 어미의 젖꼭지를 주위의 다른 냄새와 구분할 수 있다.

혀 고양이의 혀 표면은 수백 개의 작은 돌기로 뒤덮여 있는데, 이 돌기들은 사냥감의 뼈에서 살점을 발라낼 때, 세수·그루밍(털 손질), 젖은 털의 물기를 닦아낼 때 등 여러 용도로 사용된다. 고양이의 혀는 체온 조절기 역할도 하는데 혀를 내밀어 침을 증발시킴으로써 열기를 방출한다. 물을 마실 때는 혀의 앞부분을 국자 모양으로 구부려 물을 담은 다음 입으로 가져간다.

이빨 고양이는 먹이를 씹지 않는다. 작게 조각낸다는 표현이 적절할 것이다. 다 자란 성묘는 30개의 이빨을 가지고 있는데 모두 고기를 잘게 찢기 위한 것이다. 커다란 송곳니는 사냥감의 목을 부러뜨리는 데 이용된다. 집에서 키우는 고양이의 경우에는 쥐들을 재빨리 해치우는 데 적합하다.

수염 입 양쪽에 12개씩 자리 잡고 있는 이 두껍고 긴 수염은 고도로 발달된 감각기관이다. 풍향의 변화를 측정하고, 빛이 거의 없는 환경에서도 가까운 곳에서 발생하는 움직임을 감지할 수 있다. 또한 수염은 고양이가 좁은 공간을 통과할 수 있을지 판단하는 기준이기도 하다. 수염은 비만이나 임신 때문에 몸집이 급격하게 불어난 경우를 제외하면 대개 몸통 너비와 길이가 같다. 사냥 도중에는 수염을 앞쪽으로 움직여 대치 중인 사냥감에 대한 정보를 얻는다.

⚠ **주의**

절대로, 무슨 일이 있어도 고양이의 수염을 자르지 말라. 수염을 제거하면 일상적인 생활과 생존에 필요한 행동들은 물론이고 위에서 설명한 여러 행동들을 더 이상 할 수 없게 된다. 뿐만 아니라 수염은 매우 예민한 부분이어서, 수염을 자르면 엄청난 고통을 느끼게 된다.

몸통 부분

털 고양이의 털은 대부분 세 종류로 구성되어 있다. 가장 바깥쪽에 있는 '보호털'(guard hairs), 안쪽의 '까끄라기 털'(awn hairs), 그리고 '솜털'(down hairs)이라고 불리는 보다 부드러운 속털이다. 순종 고양이들은 이 중 한 가지 이상의 털을 갖추지 않을 수도 있다. 예를 들어 페르시안은 까끄라기 털이 매우 적거나 아예 없고, 털이 거의 없는 스핑크스는 솜털만 약간 나 있을 뿐이다.

항문 고양이의 배설물은 질소 함유량이 매우 높다. 얼마나 풍부한지 질소 비료를 너무 많이 줬을 때처럼 식물을 '태울' 수도 있을 정도다.

생식기 암컷은 7~12개월, 수컷은 10~14개월 사이에 성적으로 성숙한다. 수컷은 성기의 머리 부분이 돌기로 덮여 있어 교미 도중 암컷을 자극하여 배란을 촉진한다.

발 고양잇과 동물들은 발가락 끝으로 걷는데, 이러한 신체적 구조는 최고 시속 50킬로미터까지 속도를 낼 수 있게 해준다. 또 사람에게 우세 손[양손 중 자주 사용하는 손]이 있는 것처럼 고양이에게도 '우세 발'이 있다. 고양이의 약 40퍼센트가 왼발잡이이며 20퍼센트는 오른발잡이, 나머지 40퍼센트는 양발잡이이다.

발톱 고양이의 네 발에는 높은 곳에 기어오르거나 싸움을 하거나 사냥감을 붙잡는 데 유용한 갈고리 발톱이 달려 있다. 사용하지 않을 때에는 발가락 안쪽으로 접어 넣을 수 있는데, 이는 오직 고양잇과 동물만의 특성이다.

꼬리 감정을 표현하는 수단으로 이용되며, 높은 곳에 올라갈 때 균형 유

고양이의 신체구조

자신의 고양이를 꼼꼼하게 살펴보라.

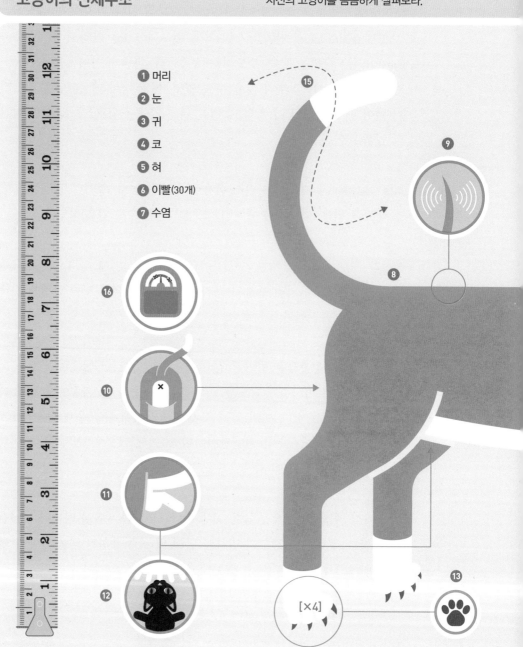

1 머리
2 눈
3 귀
4 코
5 혀
6 이빨(30개)
7 수염

[×4]

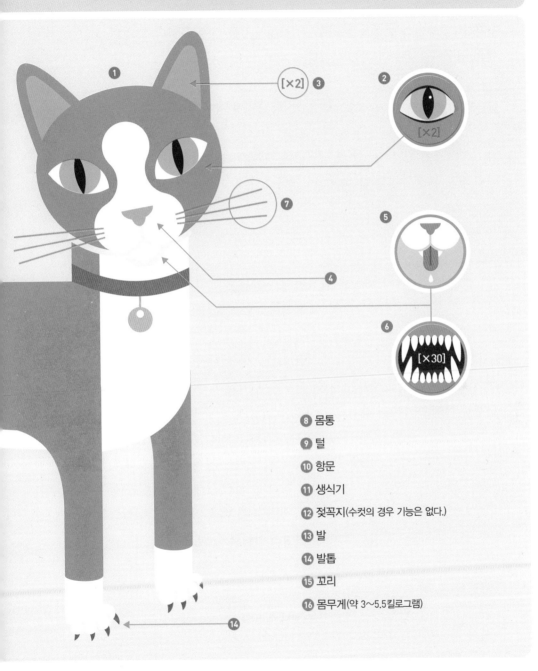

①
② [×2]
③ [×2]
④
⑤
⑥ [×30]
⑦

⑧ 몸통
⑨ 털
⑩ 항문
⑪ 생식기
⑫ 젖꼭지(수컷의 경우 기능은 없다.)
⑬ 발
⑭ 발톱
⑮ 꼬리
⑯ 몸무게(약 3〜5.5킬로그램)

지를 돕는다. 종에 따라 14~28개의 척추골로 구성되어 있다.

젖꼭지 고양잇과 동물들은 암수 모두 젖꼭지를 갖추고 있다. 그러나 수컷의 경우에는 아무런 기능도 없다.

몸무게 성묘는 대개 3~5.5킬로그램이다.(140쪽 '몸무게 재는 법' 참조)

키 개와 달리 고양이는 종에 상관없이 덩치가 거의 비슷한 편이다. 고양이의 평균 어깨 높이는 약 30센티미터이다.

감각기관

고양잇과 동물들은 고도로 발달된 감각기관을 갖추고 있다. 때문에 고양이는 사람과는 다른 방식으로, 그리고 보다 효율적으로 주변 환경을 인식할 수 있다.

시각기관 고양이의 시각체계는 빛이 매우 적은 환경에 최적화되어 있다. 사람과는 달리 고양이의 양쪽 눈 뒤쪽에는 얇은 반사막이 있어, 망막을 통해 들어오는 빛의 양을 증가시킨다. 밤중에 고양이의 눈동자가 '번쩍이는' 것처럼 보이는 것도 이 때문이다. 고양이는 사람보다 넓은 시야각을 지니고 있지만(285도, 사람은 210도) 물건의 형태를 자세하고 세밀하게 구분하는 능력은 사람의 10퍼센트밖에 미치지 못한다. 대신 움직이는 물체의 정확한 위치와 거리를 파악하고 공격하는 데 매우 뛰어나다. 사람들의 일반적인 상식과는 달리, 고양이는 색맹이 아니다.

> ♀ **전문가의 tip**
>
> 고양이는 완벽한 어둠 속에서는 앞을 볼 수 없다. 빛이 한 점도 없는 상태에서는 고양이도 인간과 마찬가지로 아무것도 볼 수 없다.

후각기관　고양잇과 동물은 사람은 약 500만 개밖에 가지고 있지 않은 신경 말단 후각수용기를 약 1,900만 개나 갖추고 있다. 특히 질소화합물의 냄새에 민감한데, 이 물질은 막 상하기 시작한 음식에 거의 포함되어 있기 때문에 이 냄새를 통해 눈앞에 놓인 음식이 자기 입맛에 맞을지를 판단한다.

청각기관　고양잇과 동물은 사람보다 2옥타브 높은 초고주파 영역을 들을 수 있으며, 이는 개의 가청 범위보다도 반 옥타브가 높다. 고양이는 두 귀에 소리가 도착하는 시간과 높낮이 차를 비교하는 삼각측정으로 소리가 발생한 정확한 지점을 찾아낼 수 있다. 내이에 있는 전정기관은 고양이 자신의 위치와 자세를 감지하고, 높은 곳에서 떨어져도 안전하게 네 발로 착지할 수 있도록 해준다.

촉각기관　고양이의 몸에 나 있는 모든 터럭은 뇌에 주변 환경에 대한 정보를 전달하는 기계적 자극수용기와 연결되어 있다. '고독한 동물'이라는 선입견적인 명성에도 불구하고, 오히려 고양이는 그 반대의 특성을 지닌 듯 보인다. 대부분의 고양이들은 만지고 쓰다듬어주는 것을 좋아한다. 고양이를 쓰다듬어주면 심박수가 낮아지고 근육의 긴장감 또한 눈에 띄게 감소한다. 아이러니하게도 이는 고양이를 쓰다듬는 사람에게서도 똑같은 반응을 이끌어낸다.

미각기관　사람의 혀가 9,000개의 미뢰를 가지고 있는 반면 고양이는 500개도 채 되지 않는다. 고양이도 사람처럼 네 개의 맛(단맛, 짠맛, 신맛, 쓴맛)을 구분한다. 하지만 단맛에 그다지 끌리지는 않는다. 고양이는 맛을 잘 구분하시 못하고 주로 냄새에 의존해 좋아하는 음식을 찾아내기 때문이다. 사람에게는 구역질나는 냄새를 풍기는 음식이 고양이에게는 유혹적일 수 있는 이유도 이 때문이다.

방향감각기관 많은 과학자들이 고양이가 지구의 자기장을 감지할 수 있으며, 이를 활용해 시각적 단서 없이도 멀리 떨어진 곳을 찾아갈 수 있다고 믿는다. 낯선 지역에서 길을 잃어버린 고양이가 수백 킬로미터나 떨어진 옛집을 찾아왔다는 수많은 실화들도 이러한 능력으로 설명할 수 있을지 모른다.

기타 감각기관 고양이는 입천장에 관으로 연결되어 있는 야콥슨 기관이라는 수용기를 통해 다른 고양이들이 발산하는 화학적인 성적 신호를 감지한다. 가끔 고양이들이 입술을 말아 올려 웃는 듯한 표정을 짓는 것(플레멘 반응)을 볼 수 있는데, 이 감각기관으로 냄새를 전달하기 위한 행동이다.

고양이의
지능

과학적 증거는 물론 수많은 일화들이 고양이가 가장 머리 좋은 반려동물 중 하나임을 시사한다. 고양이의 상황 인식 능력은 타의 추종을 불허한다. 고양이가 구석진 곳이나 작은 틈을 일일이 들여다보고 샅샅이 탐색하는 모습을 한 번이라도 본 적이 있다면 누구나 이 말에 동의할 것이다. 고양이는 관찰을 통해 배운다. 고양이는 사람들의 행동을 모방해 문손잡이를 돌리고, 찬장을 열고, 불을 켜고 끄는 법을 익힌다. 새끼 고양이들은 단순히 어미의 행동을 관찰하는 것만으로 수많은 행동을 배우고 따라 한다.

일부 전문가들은 고양이의 지능을 대략 2~3세 유아와 비슷한 수준으로 판단한다. 그렇다고 해서 고양이를 훈련시키기가 쉽다는 뜻은 아니다. 고양이는 개와 달리 사회적인 동물이 아니다. 개는 자기보다 서열이 높은 이들을 만족시키고자 하는 욕구를 지니고 있지만, 고독한 사냥꾼인 고양이는 위계질서에 대해 아주 희미한 개념만 있을 뿐 자기 자신 외에는 그 누구도 '만족시키고자' 하는 욕구가 없다. 고양이는 복잡한 행동들을 배우고 익힐 수 있지만, 오직 자기 자신을 위해서다. 대개 고양이에게 동기를 부여할 수 있는 가장 효과적이면서도 유일한 도구는 먹이와 칭찬이다.

고양이의
수명

기록에 의하면 30세까지 산 고양이도 있다고 한다. 일반적으로 실내에서 생활하는 고양이의 수명은 12~18년이다. 반면 실외에서 키우는 고양이는 사고나질병과 마주칠 확률이 훨씬 높기 때문에 평균수명이 10년 정도에 불과하다.

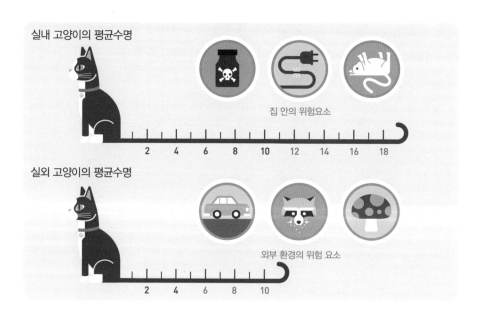

실내 고양이의 평균수명

집 안의 위험요소

2 4 6 8 10 12 14 16 18

실외 고양이의 평균수명

외부 환경의 위험 요소

2 4 6 8 10

Chapter 1

고양이의 품종과 특성

고양이의
역사

현대의 집고양이는 성공적인 틈새 마케팅의 대표적 사례라 할 수 있다. 아프리카 야생 고양이(펠리스 실베스트리스 리비카 Felis silvestris libyca)의 후손인 이들은 나일강을 따라 인류 최초의 농경사회가 형성된 수천 년 전부터 사람의 관심을 사로잡았다. 아프리카 야생 고양이는 들쥐를 사냥했는데, 공교롭게도 그 당시 농부들 또한 곡식 창고에서 들쥐를 몰아내는 데 혈안이 되어 있었던 것이다. 그들은 고양이의 사냥 기술을 자신들의 창고와 밭을 지키는 데 이용했고, 얼마 지나지 않아 사람과 고양이 사이에 유대 관계가 형성되었다. 그리하여 고양이는 아프리카, 유럽, 아시아를 거쳐 마침내 전 세계 사람 사회에서 영예로운 자리를 차지하게 되었다.

오늘날 지구상에는 약 5억 마리의 집고양이(펠리스 카투스 Felis catus)가 살고 있다. 하지만 자그마치 8,000년을 아우르는 사람과의 동거에도 불구하고 고양이의 기본 습성과 외모는 거의 변화하지 않았다. 늑대의 후손이지만 현대에 이르러서는 자신들의 조상과 비슷한 점을 거의 찾아볼 수 없는 개와는 달리, 일반적인 집고양이의 크기나 생김새는 야생의 선조들과 별반 다를 바가 없다. 개의 경우 보다 훌륭한 경비견, 양치기견, 또는 애견으로 발전시키기 위해 오랜 시간

고양이의 역사

아프리카 야생 고양이

농경 보조

함께 생활하는 반려동물

동안 선택적이고 집요한 품종 개량을 거친 반면, 고양이는 애초부터 쥐처럼 해로운 동물을 잡는 데 이미 최적의 형태를 갖추고 있었고, 따라서 변화를 가할 필요가 없었기 때문이다.

습성 역시 옛 모습 그대로다. 실제로 집고양이들은 표범이나 퓨마처럼 훨씬 몸집이 크고 사람과 덜 친화적인 고양잇과 동물들과 거의 흡사한 습성을 지니고 있다. 현대 사회에서 사람과 밀접한 교류를 유지하기 위해 부분적으로 몇 가지를 양보했을 뿐이다. 그러므로 초보 주인들은 도저히 이해할 수 없는 고양이의 행동을 목격할 때마다 이 같은 독특한 역사를 명심하기 바란다. 고양이가 하는 행동에는 모두 그럴 만한 이유가 있다. 그 이유를 아는 것이 오직 고양이 자신뿐일지라도 말이다.

고양이의
유형

사람과 함께 생활해온 지난 수천 년 동안 고양이의 신체적 특성은 거의 변화하지 않았다. 대체로 최근 몇백 년간 선택교배를 통해 약간의 변형을 거쳤을 뿐이다. 오늘날 고양이의 생김새는 크게 세 가지 유형으로 분류된다. 근육형(평범한 단모종 집고양이에게서 볼 수 있는 가장 흔하고 전통적인 체형), 코비형(cobby. 페르시안처럼 다리가 짧고 몸집이 통통함), 버들형(lithe. 쐐기형 머리가 특징이며, 늘씬하

고양이의 체형별 분류

근육형　　　　코비형　　　　버들형

고 호리호리함)이다.

캣쇼에 참가하기 위해 교배된 고양이들은 집에서 키우는 보통 고양이들과는 확연하게 다르다. 이를테면 '경연대회용' 샤미즈는 가늘고 각진 얼굴과 유연하고 늘씬한 몸매를 지니고 있지만, 집에서 키우는 샤미즈는 대개 그보다 훨씬 튼튼해 보이는 '보통' 몸매에 얼굴도 훨씬 둥글다.

세월이 흐르고 보다 다양한 품종이 개발되면서 일부 순종 고양이들은 일반적인 고양이와는 극단적일 정도로 동떨어진 생김새를 갖게 되었다. 예를 들어 비교적 최근에 개량된 데본 렉스와 코니시 렉스는 물결 모양으로 곱슬곱슬한 털을 자랑하며, 스핑크스는 아예 털이 거의 없다. 스코티시 폴드는 독특하게도 귀가 접혀 있다. 그러나 지구상에 존재하는 고양이들의 절대 다수는 여전히 전통적이고 평범한 몸매를 유지하고 있다.

고양이 키우기의
이점

반려동물로 고양이를 키우면 심리적으로나 신체적으로 매우 많은 이점을 얻을 수 있다. 고양이는 우정과 사랑, 그리고 사람이 아닌 다른 종과 밀접한 유대감을 키울 수 있는 기회를 제공한다. 게다가 고양이와 같이 살면 생리적인 혜택을 받을 수도 있다. 여러 과학 연구에 따르면 고양이와의 신체적 접촉은 사람의 심박수와 혈압을 감소시킨다고 한다.

또한 고양이가 목을 울리며 가르릉거리는 소리는 사람의 마음을 진정시키는 효과를 발휘한다. 성격이 온순하고 조용한 고양이는 우울함과 외로움을 달래주며 무한한 기쁨과 즐거움을 안겨준다. 바로 이런 이유 때문에 많은 요양원이나 병원에서 고양이를 '치유동물'로 이용하는 것이다. 이 같은 이점을 고려하면 고양이를 키우는 데 들어가는 비용은 비교적 적은 편이며, 매우 유용한 투자라고도 할 수 있다. 물론 당신이 이 반려동물을 적절하게 보살필 수 있다는 조건이 붙어야겠지만 말이다.

대표적인
인기 고양이

대부분의 고양이는 무작위적인 유전 조합의 산물이다. 이러한 고양이들을 이른바 혼혈종이라고 부른다. 반대로 몇몇 종들은 특정한 미학적 형질을 재생산하기 위해 신중한 교배를 거치는데, 이들을 순종이라고 한다. 세계 최대의 고양이 등록기관인 고양이애호가협회(Cat Fanciers' Association, CFA)에서는 약 40개의 순혈 품종을 인정하고 있다. 아래는 그중에서도 가장 인기 있고 독특한 종들을 소개한 것이다. 혹시 특별히 관심이 가는 종이 있다면 동물병원이나 도서관을 찾거나, 혹은 자신이 살고 있는 지역의 분양기관에 보다 자세한 정보를 문의하기 바란다. 순종 고양이는 반드시 신뢰할 수 있는 기관이나 사람을 통해 구해야 한다.

페르시안 고양이 중에서 가장 인기 있는 품종이다. 페르시아(지금의 이란)에 서식하던 종에서 유래했다고 알려져 있으며, 19세기 영국에서 오늘날의 외적 특성이 정착되었다.

• 외양 : 납작한 얼굴과 통통한 몸매를 지녔으며, 부드럽고 풍성하며 다양한 색깔과 무늬를 지닌 털로 유명하다.

- 장점 : 조용하고 느긋한 성격을 지닌 무척 매혹적인 고양이다.
- 주의할 점 : 날마다 털 손질을 해주어야 한다. 또한 머리가 그다지 좋은 편은 아니다.
- 특색 : 페르시안은 말이 거의 없다.
- 이상적인 주인 : 털 손질을 귀찮아하지 않고 날마다 헌신적으로 해줄 수 있는 사람이라면 누구나.

샤미즈 (샴) 샴(타이의 옛 왕국)의 왕들이 왕궁을 수호하기 위해 길렀다는 고양이로, 세간에 가장 잘 알려져 있는 품종이기도 하다.
- 외양 : 푸른 눈, 늘씬한 몸통과 각진 얼굴, 독특한 색 배합이 특징인 단모종 고양이다. 몸통에는 모두 밝은 톤의 셰이드[shade. 보호털의 끝에서부터 밑동 쪽으로 절반 정도에만 색이 있고, 안쪽의 속털은 대부분 흰색인 것]가 드리워져 있다. 포인트 컬러[주로 얼굴, 귀, 다리, 발, 꼬리에 몸통보다 어두운 색상의 털이 나 있는 것]는 붉은색, 푸른색, 초콜릿색, 라일락색 등을 띤다.
- 장점 : 털이 무척 짧기 때문에 털 손질이 그다지 필요하지 않다. 머리가 좋고 영리하다.
- 주의할 점 : 샤미즈는 크고 높은 목소리로 끊임없이 의사소통을 하며, 매우 사교적인 성격이기 때문에 이런 수다를 자주 떠는 경향이 있다. 입양을 고려하기 전에 샤미즈가 어떤 식으로 떠드는지 한번 직접 경험해 보기를 권한다. 또한 다른 고양이들보다 사람들의 관심과 손길을 훨씬 많이 갈구한다.
- 특색 : 재주를 가르치는 데 특히 적합하며 다른 형태의 훈련도 재빨리 소화한다.
- 이상적인 주인 : 샤미즈가 원하는 관심을 기꺼이 줄 수 있는 사람. 시끄럽고 반복적인 소리를 잘 참거나 둔감하다면 더욱 좋을 것이다.

AMERICAN
SHORTHAIR

BALINESE

BALINESE
발리니스

"I Can't Believe It's..."
BURMESE

"I Can't Believe It's..."
BURMESE
Smart! Loyal!
Playful!
버미니즈

EGYPTIAN
HISTORIC
RELIC!
MAU
이집션 마우

EGYPTIAN
HISTORIC
RELIC
MAU

하바나 브라운

HAVANA BROWN

HAVANA BROWN
CATTUS DOMESTICUS

HIMALAYAN
"The Coolest Cat Around"
히말라얀

스코티시 폴드　모든 스코티시 폴드의 혈통을 거슬러 올라가면 1961년 스코틀랜드의 한 농장에서 일하던 양치기 윌리엄 로스가 발견한 귀가 접힌 고양이 '수지'에게 도달하게 된다.

- 외양 : 유전적 돌연변이로 스코티시 폴드의 귀는 다른 고양이처럼 뾰족하게 서 있지 않고 반으로 접혀 있다. 장모, 단모 양쪽 모두 존재한다.
- 장점 : 성격이 사근사근하다.
- 주의할 점 : 잘못 교배된 스코티시 폴드는 심각한 골변형을 앓을 수도 있다.
- 특색 : 주변 환경의 변화에 잘 적응한다.
- 이상적인 주인 : 이 종에 관해 상세하게 조사한 후, 유능하고 합법적인 브리더(전문 번식가)로부터 고양이를 입양할 수 있는 사람.

아메리칸 쇼트헤어　자연선택과 인위적인 선택교배를 통해 탄생한 이 종은 유럽인들이 북아메리카로 이주할 때 데리고 온 억세고 튼튼한 농장 고양이로부터 비롯되었다.

- 외양 : 단모종으로 무늬와 색깔이 매우 다양하지만 그중에서도 실버 클래식 태비[고양이 특유의 얼룩무늬] 무늬가 가장 흔하다. 단단하고 강인한 근육형 체형을 갖고 있다.
- 장점 : 사교적인 성격이며, 훈련이 비교적 쉽다. 다른 동물들이나 아이들과 잘 지낸다. 순종에게서 때때로 발견되는 유전적 결함이 거의 없다.
- 주의할 점 : 고양이 중에서 상냥하고 애정이 넘치는 품종은 아니다.
- 특색 : 탁월한 쥐잡이 사냥꾼이다.
- 이상적인 주인 : 거의 모든 사람에게 잘 맞는다.

버만　19세기에 버마에서 수입된 고양이를 교배시켜 만든 품종이다.

- 외양 : 푸른 눈, 길고 부드러운 털, 흰 발을 지녔다.
- 장점 : 다른 장모종과 달리 털이 쉽게 엉키지 않는다. 노랫가락 같고 부

드러운 독특한 울음소리를 낸다.

- 주의할 점 : 진짜 순종 버만을 교배하거나 기르기는 무척 힘들다. 특히 새끼 고양이는 가격이 비싸며 분양받으려는 이가 많다.
- 특색 : 느긋한 성격에, 사교적이고 다루기 쉽다.
- 이상적인 주인 : 아이들이 있는 가족.

버미즈 오늘날 북아메리카와 유럽에 살고 있는 버미즈는 20세기 초 버마(지난 수백 년 동안 이 고양이 종이 버마에서 살았다.)에서 미국으로 건너온 한 마리의 버미즈에서 비롯되었다고 한다.

- 외양 : 탄탄하고 육중하며 근육이 잘 발달된 몸매를 지닌 단모종이다. 검은색, 황록색, 백금색, 황갈색, 푸른색 등이 있다.(유럽에는 이보다 더욱 다양한 색깔이 존재한다.)
- 장점 : 명랑하고 쾌활하며, 주인에게 헌신적이다. 단모종이기 때문에 특별한 관리가 필요하지 않다.
- 주의할 점 : 샤미즈만큼 커다란 목소리로 끊임없이 재잘거리지는 않지만 꽤나 시끄러운 수다쟁이다.
- 특색 : 대단히 머리가 좋다.
- 이상적인 주인 : 버미즈가 갈구하는 꾸준한 관심을 아낌없이 줄 수 있는 개인이나 가족.

아비시니안 19세기에 아비시니아(지금의 에티오피아)에서 영국으로 전해졌다고 알려져 있으며, 고대 이집트 상형문자에 나오는 이집트 고양이와 매우 닮았다.

- 외양 : 매우 늘씬하고 호리호리한 몸매를 지니고 있다. 털은 대개 계피색이지만 붉은색과 푸른색, 엷은 황갈색도 띤다. 크고 감정이 풍부한 눈 주위에 짙은 아이라인이 둘러싸고 있다. 장모종의 아비시니아 고양이는 '소말리'라고 한다.

- 장점 : 활발하고 사교적이다. 언제든지 장난을 치거나 익살스러운 짓을 할 준비가 되어 있다.
- 주의할 점 : 장난을 너무 좋아한다.(심지어 평일 새벽 2시에도)
- 특색 : 주인에게 거의 개와 가까운 수준의 사랑과 헌신을 보일 수 있다.
- 이상적인 주인 : 아비시니안의 왕성한 에너지와 장난기를 감당할 수 있고, 이 종이 필요로 하는 깊은 관심을 보여줄 수 있는 사람.

히말라얀　샤미즈와 페르시안의 이종교배종으로, 샤미즈의 독특한 포인트 컬러를 물려받은 장모종 고양이다.
- 외양 : 푸른 눈(모든 고양이가 동일)과 다부진 몸매, 짧은 주둥이, 길고 매끄러운 털을 지녔다.
- 장점 : 주인에게 열렬한 충성심을 보인다.
- 주의할 점 : 장모종 고양이들이 대부분 그렇듯이 정기적이고 세심한 털 손질이 필요하다.
- 특색 : 샤미즈만큼 똑똑하지는 않지만 페르시안보다는 똑똑하다.
- 이상적인 주인 : 거의 모든 사람들에게 완벽하다.

발리니스　샤미즈의 장모종으로, 1950년대에 자연발생적으로 생겨난 돌연변이 새끼 고양이들에게서 비롯되었다.
- 외양 : 일반적인 샤미즈와 똑같은 무늬와 색깔을 지니고 있다.
- 장점 : 무척 똑똑하고 명랑하다. 다른 장모종들만큼 털이 길지 않아서 관리가 용이하다.
- 주의할 점 : 샤미즈와 마찬가지로 시끄럽고 끊임없이 재잘거린다.
- 특색 : 발리니스는 기본적으로 샤미즈와 성격이 비슷하다. 사교적이고 집단생활을 좋아하며 훈련이 비교적 용이하다.
- 이상적인 주인 : 활발하고 수다스러운 고양이라도 귀찮아하지 않을 사람.

이집션 마우   아프리카 야생 고양이의 한 종에서 유래했다고 전해진다. '마우'(mau)는 고대 이집트어로 고양이를 뜻한다.

- 외양 : 표범처럼 털에 반점이 흩어져 있다. 이마에 M자 모양의 풍뎅이와 비슷한 무늬가 나 있는 것이 많다.
- 장점 : 머리가 좋고 가정적이다. 야생적인 외모에 치타와 비슷한 걸음걸이를 갖고 있다.
- 주의할 점 : 훌륭한 순종은 매우 비싸고 구하기가 힘들다.
- 특색 : 언제나 무언가를 걱정하는 듯한 독특한 표정.
- 이상적인 주인 : 거의 모든 사람들에게 훌륭한 반려동물이 될 수 있다.

이그저틱   페르시안과 아메리칸 쇼트헤어의 이종교배로 탄생한 종으로, 털이 짧은 페르시안이라고 할 수 있다.

- 외양 : 간혹 '파자마를 입은 페르시안 고양이'라고 묘사되는 이 고양이는 다양한 색상의 셰이드를 지닌 중모종이다. 그러나 체형은 유전적 선조들을 닮아 땅딸막하고 통통한 코비형이다.
- 장점 : 털을 빼고는 페르시안의 모든 장점을 한 몸에 지니고 있다. 페르시안처럼 털이 길고 잘 엉키지 않아 관리하기가 수월하다. 또한 페르시안에 비해 약간 더 활동적이다.
- 주의할 전 : 그렇다고 털 관리에 소홀해서는 안 된다. 윤기를 잃기 쉽기 때문에 일주일에 서너 번 정도는 빗질을 해주어야 한다.
- 특색 : 이그저틱은 일반적인 페르시안보다 좀 더 똑똑하다. 아이들이나 다른 동물과도 사이가 좋다.
- 이상적인 주인 : 거의 모든 사람들에게 훌륭한 반려동물이 될 수 있다.

하바나 브라운   1950년대 영국에서 개량된 종이다. 털 색상이 하바나의 최고급 담배 시가와 같다고 해서 붙여진 이름이다.

- 외양 : 짧고 풍성한 갈색 털(이름도 이 때문에 붙었다.), 샤미즈처럼 늘씬하

메인 쿤
Toughest beast in all the Nor'east!

맹크스

오리엔탈

페르시안

스코티쉬 폴드

SPORT UTILITY FELINE

Manx

97%
TAIL FREE!

★ SUPERB HANDLING
★ DUAL REAR THRUSTERS
★ MAXIMUM AGILITY

오시캣

OCICAT

WILD!
RARE!

The Incredible, Pettable

REX

comes with
TAIL-WAGGING
ACTION!

렉스

SOLD OUT!

TYPE ☐ Cornish ☒ Devon ☐ Selkirk

The Incredible, Pettable

REX

comes with
TAIL-WAGGING
ACTION!

TYPE ☐ Cornish ☒ Devon ☐ Selkirk

Siamese
CAT

샤미즈

Siamese

Listen
TO IT YOWL

Watch
IT DO TRICKS

Laugh
AT ITS ANTICS

SPHYNX

CAN YOU SOLVE THIS RIDDLE:
WHAT HAS NINE LIVES BUT NO HAIR?

SPHYNX

스핑크스

CAN YOU SOLVE THIS RIDDLE:
WHAT HAS NINE LIVES BUT NO HAIR?

고 호리호리한 몸매.(하바나 브라운은 샤미즈의 혈통을 상당 부분 물려받았다.)

- 장점 : 머리가 매우 좋고 다정다감하다.
- 주의할 점 : 울음소리가 시끄러우며 상당히 예민한 성격이다.
- 특색 : 영국이나 미국산 종들은 무척 알아보기 쉬운 신체적 특성을 지니고 있다.
- 이상적인 주인 : 활동적이고 매력적인 고양이를 원하는 사람이라면 누구나.

메인 쿤 미국에서 개량된 종으로, 미국너구리(raccoon)를 닮은 복슬복슬한 꼬리에서 이름이 유래했다.

- 외양 : 근육형 몸매에 두텁고 물에 잘 젖지 않는 털을 지니고 있다. 미국의 일반 가정에서 가장 많이 기르는 품종 중 하나로, 몸무게가 4.5~8킬로그램까지 나간다.
- 장점 : 사람을 잘 따르고 성격이 온화하다. 활발하고 까불거리지만 '정신이 나간 것 같은' 정도는 아니다.
- 주의할 점 : 페르시안만큼 골치 아픈 수준은 아니나 그래도 일주일에 서너 번 정도의 털 손질이 필요하다.
- 특색 : 메인 쿤은 야옹거리지 않는다. 대신 높고 찍찍거리는 듯한 새소리를 낸다.
- 이상적인 주인 : 여러 식구가 북적거리는 가정이 안성맞춤이다.

맹크스 영국의 왕실령섬인 맨 섬에 서식하던 꼬리 없는 고양이에서 유래되었다고 전해진다.

- 외양 : 꼬리가 없고, 색깔과 무늬가 다양하다. 뒷다리가 앞다리보다 길어서 마치 토끼 같은 모습으로 걸어 다닌다.
- 장점 : 성격이 느긋하고 정이 많다.

- 주의할 점 : 유전적 결함이나 장애가 있을 확률이 크다.
- 특색 : 평균 이상의 지능을 갖추고 있다.
- 이상적인 주인 : 건강하고 적절하게 잘 길러진 종은 누구에게나 훌륭한 반려동물이 되어줄 것이다.

오시캣   야성적인 반점 무늬를 지닌 종으로 아비시니안과 샤미즈, 아메리칸 쇼트헤어의 이종교배를 통해 탄생했다.
- 외양 : 특유의 반점 무늬가 흩어져 있는 몸통과 줄무늬가 있는 다리, 커다란 근육형 몸매가 특징이다.
- 장점 : 성격이 밝고 사교적이다. 단모종이기 때문에 털 관리가 많이 필요하지 않다. 유전적인 결함이 거의 없다.
- 주의할 점 : 구하기 힘들고 비싼 품종이다.
- 특색 : 훈련을 잘 따르며, 비교적 쉽게 리드줄에 적응한다.
- 이상적인 주인 : 이국적인 외모와 온화한 성격의 고양이를 찾는 사람.

오리엔탈   샤미즈의 이종(異種)으로, 선조의 다채롭고 생기 있는 성격을 물려받았으나 생김새는 완전히 다르다.
- 외양 : 샤미즈와 달리 오리엔탈은 포인트 컬러를 지니고 있지 않다. 장모종과 단모종 모두 있으며, 글자 그대로 수백 가지 색깔과 무늬를 자랑한다.
- 장점 : 활발하고 사교적이다. 주인에 대한 충성심은 거의 개에 필적할 정도다.
- 주의할 점 : 샤미즈만큼 수다스럽고, 요구도 많다.
- 특색 : 매우 총명하다.
- 이상적인 주인 : 혼자 사는 사람. 오리엔탈은 한 사람에게 헌신적인 경향이 있다.

렉스 코니시 렉스, 데본 렉스, 셀커크 렉스로 분류된다.

- 외양 : 코니시 렉스와 데본 렉스는 고양이에게서는 보기 드문 곱슬곱슬한 털을 지니고 있는데, 이는 일부 새끼 고양이의 선천적 돌연변이 특성을 분리해 선택교배한 결과다. 코시니 렉스는 영국의 콘웰에서, 데본 렉스는 데본에서 처음 발견되었다. 셀커크 렉스 역시 최근에 개량된 품종으로 장모종과 단모종 모두 있다.
- 장점 : 상냥하고 다정다감하며 장난기가 많다.
- 주의할 점 : 유전 질환에 걸릴 확률이 높다.
- 특색 : 데본 렉스는 기분이 좋을 때면 마치 개처럼 꼬리를 흔든다.
- 이상적인 주인 : 렉스 특유의 독특한 생김새를 좋아하는 개인 혹은 가족.

스핑크스 일명 '털 없는 고양이'. 이 품종의 고양이는 모두 1966년 캐나다에서 출생한 돌연변이 새끼 고양이의 후손이다.

- 외양 : 얼굴과 말단 부위에 난 아주 적은 양의 솜털을 제외하면 온몸에 완전히 털이 없다. 피부는 부드럽고 따뜻하다.
- 장점 : 독특한 화젯거리가 될 수 있다.
- 주의할 점 : 추위, 햇빛, 알레르겐(알레르기 반응을 일으키는 물질) 등 모든 자극에 민감하고 취약하다.
- 특색 : 조용하고 상냥하다. 안기는 것을 좋아하지 않는다.
- 이상적인 주인 : 이 희귀한 품종이 필요로 하는 특별한 보살핌을 줄 수 있는, 고양이를 키워본 경험이 많은 사람.

혼혈묘를
분양받을 경우

미국에 살고 있는 7,500만 고양이 중 대다수가 이른바 혼혈묘다. 고양이를 키우는 평범한 사람들이나 동물보호소처럼 비공식적인 경로를 통해 구할 수 있는 이런 고양이들은 최고의 반려동물이다. 그러나 이런 경우에는 사전에 반드시 고려해야 할 것이 몇 가지 있다. 먼저 고양이는 대부분의 행동을 후천적으로 습득하기 때문에 입양할 고양이나 새끼 고양이의 배경에 대해 최대한 많이 알아두는 것이 좋다. 예를 들어 사람과 친숙하지 못하거나 또는 그 정도를 넘어 사람에 대해 나쁜 경험과 기억을 갖고 있는 새끼 고양이는 경계심이 강하고 의심 많은 성격으로 성장하기 쉽다. 만일 이러한 정보를 얻는 것이 불가능하다면 대안은 입양할 고양이를 최대한 자세하고 신중하게 관찰하는 것뿐이다.

근친교배를 하는 경우를 제외하면 혼혈종은 순종에 비해 유전적 결함이 나타날 확률이 훨씬 낮다. 그러나 그러한 결함은 확률적으로 순종에서도 그리 흔치 않다는 점을 기억하기 바란다. 사람이 고양이의 혈통을 인위적으로 관리하기 시작한 지는 백 년도 채 되지 않았으며, 개처럼 집중적으로 이루어지지도 않았다.

순종

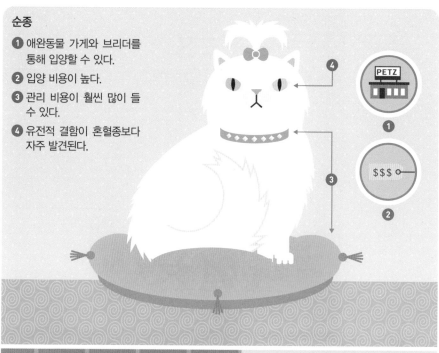

❶ 애완동물 가게와 브리더를 통해 입양할 수 있다.

❷ 입양 비용이 높다.

❸ 관리 비용이 훨씬 많이 들 수 있다.

❹ 유전적 결함이 혼혈종보다 자주 발견된다.

혼혈종

❶ 동물보호소나 개인을 통해 입양할 수 있다.

❷ 입양 비용이 저렴하다.

❸ 과거에 소홀한 보살핌을 받았을 경우 경계심이 많은 성격이 될 수 있으며, 이를 변화시키기가 매우 어렵다.

❹ 성장 배경을 알기가 어렵다.

나에게 알맞은
품종 고르기

세상에는 각양각색의 고양이가 존재한다. 성격이나 신체적 욕구, 감성적 기질
또한 품종마다, 그리고 각 개체마다 매우 다양하다. 나에게 어떤 종이 가장 알
맞을지 다음 설명을 보고 판단하기 바란다.

털의 종류　페르시안이나 히말라얀과 같은 장모종은 정기적이고 세심한
털 손질이 필요하다. 전문가의 도움을 받아야 할 수도 있다. 물론 단모종
은 훨씬 덜 번거롭지만, 그렇다고 털이 안 빠지는 고양이는 없음(털이 거의
없는 스핑크스를 제외하면) 을 단단히 각오해두는 것이 좋다.

　그보다 더욱 중요한 점은 가족 중 누구도 고양이 털에 심각한 알레르기
를 가진 사람이 있어서는 안 된다는 것이다.(203쪽 '고양이가 사람에게 옮길

💡 전문가의 tip

아이러니하게도 털 문제로 골치 아프게 하는 것은 장모종이 아니라 단모종이다. 단모종
고양이의 털은 천 속에 파고들어 제거하기가 어려운 반면, 장모종의 털은 쉽게 눈에 띄기
때문에 주워서 처리하기가 보다 간단하다.

수 있는 질병' 참조)

성격 사람들은 보통 고양이가 홀로 있는 것을 좋아하고 무심하며 냉담하다고들 한다. 그러나 이는 진실과는 거리가 멀어도 한참 멀다. 일부 고양이 종은 주인에 대한 감정을 그리 많이 표현하지 않지만(페르시안이 대표적이다.), 아비시니안 같은 종들은 거의 광적일 정도로 애착과 충성심을 보인다. 순종 고양이를 키우고 싶다면 단순히 생김새뿐만 아니라 이런 각각의 독특한 성격들을 충분히 고려해야 한다. 혼혈종을 키울 때에는 충분한 시간을 들여 고양이가 당신에게 익숙해지도록 하라.

신체 활동 대부분의 고양이가 몸매를 유지하기 위한 신체적 활동을 거의 필요로 하지 않는다는 점은 사실이다. 그러나 활동적인 종들은 에너지를 충분히 소진하여 밤에 잠을 잘 수 있도록 정기적으로 주인과 함께 뛰노는 놀이 시간이 필요하다. 만약 당신이 끈을 흔들며 거실을 뛰어다니는 데 관심이 없다면 페르시안처럼 가만히 앉아 있길 좋아하는 종이 더 잘 맞을 것이다.

시간 투자 어떤 사람들은 고양이가 고도로 독립적인 성격을 지녔으며, 주인이 상당히 긴 시간 동안 집을 비운다고 해도 그다지 신경 쓰지 않을 것이라고 생각한다. 이것은 반은 맞고, 반은 틀리다. 모든 고양이는 사랑과 관심을 필요로 한다. 그리고 그중 일부는 다른 고양이보다도 훨씬 많은 사랑과 관심을 필요로 한다.

 샤미즈 같은 종들은 우정을 거부당할 경우 정신적인 상처는 물론 신체적인 고통을 느낄 수도 있다. 아무리 차갑고 무관심해 보이는 고양이라 할지라도 텅 빈 집에 홀로 남아 끝없이 외로운 나날들을 보내고 싶어 하는 고양이는 없다. 이런 방치는 고양이에게 감정적인 문제를 야기할 수 있으며, 그로 인한 좌절감이 애꿎은 가구를 향해 표출될 수도 있다.

가족의 찬성　당신과 한집에 사는 모든 이들이 고양이를 입양하는 데 찬성해야 한다는 사실을 명심하라. 고양이는 평균 15~20년을 살기 때문에 고양이를 키운다는 결정은 매우 장기간의 헌신을 요한다.

경제적 부담　고양이를 키우면 매달 일정한 비용을 지출하게 한다. 응급상황이 닥쳤을 때나 나이 많은 고양이를 키울 때 들어가는 비용은 감안하지 않더라도 말이다. 만약 경제적 부담이 너무 많이 된다고 생각된다면 햄스터나 금붕어처럼 돈이 덜 드는 반려동물을 키워라.

신중한 숙고　귀여운 새끼 고양이에게 '한눈에 반해' 아무 생각 없이 나중에 후회할 만한 결정을 덜컥 내리지 말라. 내가 과연 고양이를 키울 수 있을지 오랫동안 곰곰이 숙고해보아야 한다. 지금 신중하게 생각할수록 나중에 더욱 만족하게 될 것이다.

> ⚠ **주의**
>
> 고양이를 반려동물로 들이는 일을 간단하게 여기지 말라. 무슨 일이 있더라도 절대 고양이를 깜짝 선물로 다른 사람에게 선물해서도 안 된다. 미국 동물보호소의 경우 그런 '깜짝 선물'을 매년 수십만 마리씩 안락사하고 있다.

자묘와 성묘의 장단점

고양이를 키울 때 고려해야 할 가장 중요한 점 중 하나는 새끼 고양이를 키울 것인가 아니면 다 큰 어른 고양이를 키울 것인가이다. 다음 정보를 참고해 결정을 내리기 바란다.

자묘
- 장점 : 새집과 주인에 쉽게 적응한다.

- 단점 : 새끼 고양이는 엄청난 관심을 필요로 한다. 또한 손, 아니 발을 대는 모든 것을 파괴하는 놀라운 위력을 발휘할 수도 있다. 당신 집에 아장아장 걷는 어린아이가 함께 살게 되었다고 상상해보라. 그것도 부엌 싱크대에 뛰어오르고 커튼을 타고 올라갈 수 있는 아이 말이다.

성묘

- 장점 : 다 자란 어른 고양이는 어린 시절의 파괴적 성향이 없어지고, 성격과 개성이 완전하게 수립된 상태다. 또한 화장실을 가릴 줄 아는 등 필요한 훈련을 모두 받았다는 훌륭한 장점을 지니고 있다.
- 단점 : 어른 고양이는 성격에 고질적인 문제가 있을 수 있으므로(지나치게 소심하다는 등), 고양이를 집에 데려오기 전에 충분한 시간을 들여 면밀하고 주의 깊게 관찰하기 바란다.

> 💡 **전문가의 tip**
>
> 새끼 고양이를 입양하기로 결정했다면 두 마리를 함께 키우는 것을 고려해보라. 두 마리를 키우면 오히려 수고를 덜 수 있다. 이 어린 고양이들이 넘치는 에너지와 공격성을 주인이나 집 안의 물건이 아니라, 서로에게 방출할 것이기 때문이다. 또한 동료와의 우정은 고양이가 새로운 환경에 적응하는 데 커다란 도움이 된다.

성별 선택

일부 고양이 애호가들은 일반적으로 수컷은 장난기가 많고 성격이 느긋하며, 암컷은 차분하고 신중하다고 여긴다. 그렇지만 대개 고양이들은 각자 워낙 독특한 개성을 지니고 있기 때문에 성별에 기반을 둔 일반화는 아무런 의미도 없다. 세상에는 신중하고 얌전한 수고양이가 수없이 많고, 외향적이고 활발한 암고양이도 셀 수 없이 많다. 이런 예외가 너무나도 많기 때문에 고양이를 입양할 때에는 성별이 아니라 그 고양이의 성격을 고려해 결정을 내려야 한다.

그러나 위의 원칙을 적용할 수 있는 것은 오직 중성화수술을 한 고양이들뿐이다. 중성화 수술을 하지 않은 '온전한' 암수 고양이의 성격은 중요한, 그리고 대개의 경우 그리 달갑지 않은 특성에 의해 뚜렷이 구분된다. 번식기가 되면 암컷들은 커다란 목소리로 끊임없이 울부짖으며 가임기가 왔음을 알리고, 수컷들은 자신의 남성성을 그보다도 더욱 불쾌하고 견디기 힘든 방법으로 과시한다. 영역 곳곳에 지독한 냄새가 나는 오줌을 갈겨대는 것이다. 그러고는 동네를 어슬렁거리며 짝을 찾아 헤매고, 암컷과 교미할 권리를 두고 날마다 다른 수컷들과 치열한 다툼을 벌인다. 때로 이런 성적 행동들이 너무 지나쳐서 실내 고양이로 키우기조차 힘들 정도다.

다행스럽게도 중성화 수술은 이러한 행동이 막을 내리게 하며, 훨씬 건강하고 행복하고 돌보기 쉬운 반려동물로 만들어준다. 때문에 중성화 수술은 책임감 있는 고양이 주인이라면 반드시 거쳐야 할 필수적인 단계라 할 수 있다.(177쪽 '중성화 수술' 참조)

믿을 만한 입양 방법

고양이 입양을 주선하는 개인이나 업체는 매우 많다. 때문에 최소한의 비용으로도 새끼 고양이나 훈련이 잘된 어른 고양이를 손쉽게 데려올 수 있다.

동물보호소

- 장점 : 이런 시설들은 집 안에서 키우기에 이미 적합하게 길들여진 다양한 종류(순종과 혼혈종, 자묘와 성묘 등)의 고양이를 갖추고 있다. 동물보호소에서는 대개 자신들이 보호하고 있는 고양이들에게 신체적 또는 심리적인 결점이 있지는 않은지 미리 검사를 시행한다. 입양에 들어가는 비용도 (특히 애완동물 가게나 전문 브리더가 제시하는 가격에 비하면) 관대할 정도로 적다. 일부 시설들은 대기 기간이 걸리거나 입양 신청자의 배경 점검이 있을 수 있고, 필요할 경우 중성화 수술을 요구하기도

한다.

- 단점 : 없다. 다만 고양이를 입양하기 전에 성격을 자세히 파악하라. 또한 보호소에 있는 동물들 대다수가 자신의 잘못으로 이곳에 양도된 것이 아니라는 사실을 늘 명심하라. 이들이 동물보호소에 오게 된 까닭은 대개 전 주인이 이사를 가거나 동물에게 흥미를 잃었기 때문이다.

💡 전문가의 tip

이런 시설 중 대다수는 키우던 동물을 동물보호에 양도한 전적이 있는 이들에게는 결코 입양을 허락하지 않을 것이다.

애완동물 가게

- 장점 : 없다.
- 단점 : 애완동물 가게에서 추천하는 순종 고양이들은 대개 혈통이 의심스럽거나 사회화 과정이 미흡하며 건강 상태가 좋지 않을 수도 있다. 그러나 그럼에도 불구하고 그들은 웃돈까지 붙여서 동물을 판매한다. 이러한 이유 때문에 고양이 전문가들은 애완동물 전문점을 추천하지 않는다. 최소한 수의사가 고양이의 신체적·심리적 결함을 검사하는 신뢰할 수 있는 가게에서 구입하는 것이 좋다.

💡 전문가의 tip

많은 진보적인 애완동물 가게들이 지역 동물보호소와 손잡고 집 없는 개나 고양이를 즉석에서 입양시키는 프로그램을 운영하고 있다. 이런 동물을 선택하면 커다란 책임감이 따른다. 또한 이런 시설들은 유기견이나 유기묘가 가득한 동물보호소에 비해 보다 냉정하고 감정적인 동요 없이 자신에게 알맞은 동물을 선택할 수 있게 해준다.

전문 브리더

- 장점 : 전문 브리더는 세심하게 길러진 순종 새끼 고양이를 구할 수 있는 매우 좋은 통로다. 심지어 이들은 특정 개체의 조상과 혈통, 유전적 결함, 성격에 대해 매우 세부적인 사항까지 대답해줄 수 있다. 전문 브리더를 만나보고 싶다면 수의사나 브리더 모임에 문의하거나, 자신이 사는 지역에서 열리는 고양이 경연대회(캣쇼)에 참석해보라.
- 단점 : 브리더가 충분한 자질을 갖추고 있는지 확인해봐야 한다. 제대로 된 전문 브리더라면 자신이 운영하는 시설을 보여주고 다른 고객들의 이름을 알려줄 것이다. 또한 당신이 원하는 새끼 고양이와 그 혈통에 관해 상세한 정보를 제공하고, 모든 예방접종과 적절한 의료 조치를 받았음을 보증해줄 것이다. 여기에는 고양이의 건강 상태에 대한 서면 보증서도 포함된다. 만약 이 중 단 하나라도 미흡하거나 소홀히 한다면 다른 사람을 찾아보라.

특정 품종 구조단체

- 장점 : 이 같은 조직들은 특정한 품종의 주인 없는 고양이들을 '구조'하여 새로운 집을 찾아준다. 인터넷으로 검색하면 전국 곳곳에 퍼져 있는 이들 단체의 정보를 얻을 수 있다.
- 단점 : 당신이 원하는 품종의 고양이가 당신이 사는 지역에 없을 수도 있다. 그런 경우 고양이를 입양하기 위해 조금 멀리까지 여행을 해야 할지도 모른다.

개인 분양

- 장점 : 생활정보지나 온라인 커뮤니티에는 최소한의 책임비만 요구하거나 "잘 돌봐줄 수 있는 분이라면 누구든 그냥 데려가세요."라고 적힌 분양 광고들이 빼곡하다. 이렇게 개인이 양도하는 고양이들은 매우 훌륭한 반려동물이 될 수 있다. 직접 그 집을 방문해 새끼 고양이와 그들이

자란 환경, 그리고 가능하다면 부모 고양이들까지도 자세히 관찰할 수 있는 기회를 얻을 수 있기 때문이다.(51쪽 '자묘 입양 전 체크리스트' 참조)

• 단점 : 일반 가정에서 키우는 자묘들은 적절한 의료 조치나 사회화 과정을 거치지 않았을 가능성이 있다. 또한 무분별한 번식은 이미 반려동물 과다 현상이라는 심각한 문제를 일으키고 있다. 실례가 되지 않는다면 주인에게 새끼 고양이의 어미(혹은 아비)를 중성화시키라고 권하라.

자묘 입양 전 체크리스트

새끼 고양이를 입양하기 전에 다음 항목들을 체크해보라. 모든 대답이 'Yes'로 나오는 것이 이상적이며, 'No'가 단 하나라도 있다면 입양을 다시 한번 신중하게 고려해보기 바란다.

○ Yes ○ No	어미를 면밀하게 살펴본다. 후손들에게 유전될 가능성이 있는 신체적 또는 정신적인 결점은 없는가?
○ Yes ○ No	태어난 지 최소 8주 이상 되었는가? (8주 미만의 새끼 고양이는 어미나 한배에서 난 형제들과 떨어뜨리면 안 된다.)
○ Yes ○ No	새끼 고양이가 명랑하고 움직임이 민첩하며, 당신과 친해지고 싶어 하는가?
○ Yes ○ No	얌전하고 붙임성이 있는가? (아무런 이유 없이 당신에게 하악질을 하거나 당신 때문에 지나칠 정도로 스트레스를 받는 듯 보인다면 큰 문제가 있을 수 있다.)
○ Yes ○ No	연령에 맞는 예방접종과 의료 조치를 받았는가? (185쪽 '연령별 건강검진 체크리스트' 참조)
○ Yes ○ No	변이 견실한가? (변이 지나치게 흘쪽한 고양이는 영양실조에 걸렸거나 기생충이 있을 수 있다.)
○ Yes ○ No	눈동자가 맑고 눈곱이 끼지 않았는가?
○ Yes ○ No	귀와 코에서 분비물이 나오지 않고 깨끗한가?
○ Yes ○ No	털이 깨끗하고 윤기가 나는가?
○ Yes ○ No	새끼 고양이가 스스로 몸단장을 할 줄 아는가?

○ Yes ○ No	호흡이 규칙적인가? 재채기를 하거나 씨근거리지는 않는가?
○ Yes ○ No	신체적으로 건강한가? 다리를 절거나 그러한 기미가 보이지는 않는가?

💡 전문가의 tip

순종 새끼 고양이의 경우, 특정 종에게 흔히 나타나는 특정한 유전질환(고관절이형성증, 난청 등)을 갖고 있지는 않은지 면밀하게 살펴보아야 한다. 나아가 어떤 종류의 새끼 고양이를 키울 생각이든 입양 전에 수의사의 진찰과 승인을 받아야 한다는 조건을 내세워라. 심각한 문제를 초기에 빨리 발견한다면 정이 깊이 들기 전에 되돌려줄 수 있게 된다.

⚠ 주의

어린아이(6세 이하)나 노인이 있는 가정의 경우 새끼 고양이는 이상적인 선택이라고 할 수 없다. 어린아이들은 고양이를 너무 세게 껴안아 다치게 할 수 있고, 고양이 역시 이에 대한 앙갚음으로 아이들에게 이빨과 날카로운 발톱으로 상처를 입힐 수 있다. 또 까불거리는 새끼 고양이는 노인들의 보행에 방해가 되며, 장난을 치다가 노인들의 연약하고 얇은 피부에 상처를 낼 수 있다.

성묘 입양 전 체크리스트

어른 고양이를 입양하기 전에 다음 항목들을 체크해보라. 모든 대답이 'Yes'로 나오는 것이 이상적이며, 'No'가 단 하나라도 있다면 입양을 다시 한번 신중하게 고려해보기 바란다.

○ Yes ○ No	전 주인과 연락이 가능한가?
○ Yes ○ No	과거에 관한 기록이 있는가? 이 고양이는 어째서 분양을 하게 되었는가?
○ Yes ○ No	이 고양이가 폭력성과 같은 성격적인 문제 때문에 분양시키는 것이 아니라고 확신하는가? (하지만 설사 그렇다 하더라도 굳이 포기할 까닭은 없다. 많은 경우 애정 어린 보살핌으로 잘못된 습관을 없앨 수 있기 때문이다.)
○ Yes ○ No	화장실 훈련이 되어 있는가?
○ Yes ○ No	얌전하고 붙임성이 있으며 당신에게 관심을 보이는가?
○ Yes ○ No	아이들이 있는 가정일 경우, 이 고양이가 예전에도 아이들과 함께 생활한 적이 있는가?
○ Yes ○ No	고양이가 다른 고양이나 개와 함께 살게 될 경우, 이 고양이가 예전에도 그런 경험이 있는가?
○ Yes ○ No	적절한 건강관리를 받았는가? 이를 증명할 기록은 있는가?
○ Yes ○ No	털이 건실한가?
○ Yes ○ No	눈동자가 맑고 눈곱이 끼지 않았는가?

○ Yes ○ No	귀와 코에서 분비물이 나오지 않고 깨끗한가?
○ Yes ○ No	털이 깨끗하고 윤기가 나는가? 스스로 몸단장을 하는가?
○ Yes ○ No	호흡은 규칙적인가? 재채기를 하거나 씨근거리지는 않는가?
○ Yes ○ No	신체적으로 건강한가? 다리를 절거나 그러한 기미가 보이지는 않는가?

💡 전문가의 tip

성묘를 입양할 때에는 시간을 충분히 두고 신중하게 생각하는 것이 좋다. 그래야 고양이의 성격을 속속들이 파악할 수 있기 때문이다. 덧붙여 입양 전에 동물병원에 데려가서 건강 점검을 받아야 한다.

Chapter 2

고양이 맞이하기

집 안
점검하기

새로운 고양이를 한 가족으로 들이는 것은 매우 기쁘고 흥분되는 일이지만 어떤 점에서는 힘들고 어려운 경험일 수도 있다. 새끼 고양이의 경우라면 몇 주일 동안 복잡한 훈련을 시키고, 나날이 달라지는 신체적 성장에 맞추어 관리를 해주어야 할 것이다. 물론 다 자란 고양이는 이토록 깊은 헌신을 바칠 필요까지는 없지만 새로운 환경에 익숙해지도록 적절한 지도와 보살핌이 필요하다. 때문에 고양이를 데려올 경우 가능하다면 처음 2~3일간은 고양이와 함께 집에서 시간을 보내는 것이 좋다.

고양이를 집으로 데려오기 전에 이왕이면 미리 다음과 같은 조치를 취해두길 권한다. 먼저 집 안에 '두 살짜리 어린아이'의 손에 닿아서는 안 될 물건들은 모두 치워놓아라. 고양이란 동물이 훌륭한 높이뛰기 선수이자 등산가라는 사실을 명심하라. 게다가 고양이의 호기심에는 한계가 없다. 즉 위험한 물건을 단순히 '손이 닿지 않는 곳에 치워두는' 전법이 통하지 않는다. 반드시 다른 장소에 따로 보관해두고 문을 잠가라.

• 모든 종류의 의약품을 고양이의 발이 닿지 않는 곳에 치워둔다. 특히 식탁

위의 진통제는 반드시 치워두어야 한다. 아스피린과 이부프로펜은 고양이에게는 독극물이며, 해열진통제에 함유된 아세트아미노펜('타이레놀'의 주성분)도 마찬가지다.

- 자동차 부동액은 고양이에게 치명적이다. 모든 용기를 확실히 밀봉하고 바닥에 조금이라도 흘렸다면 즉각 깨끗하게 닦아라.
- 세제류도 모두 치워둔다. 똑똑한 고양이는 수납장 문을 여는 방법을 보고 배울 수 있으므로 문에 유아용 잠금장치를 채우기 바란다.
- 작약, 백합, 히아신스, 겨우살이, 상록수 등 고양이에게 위험한 영향을 미칠 수 있는 식물들을 없앤다.
- 화장실 변기 뚜껑은 항상 내려둔다. 새끼 고양이가 변기에 빠지면 익사할 수도 있다. 성묘의 경우에는 변기의 더러운 물을 마시고 병에 걸리기도 한다.
- 집 안에 꽃이 담긴 화병이 있다면 고양이에게 해로운 꽃이 섞여 있지는 않은지 살펴보라.
- 높은 층에 살고 있다면 고양이가 베란다로 나가지 못하게 하라.
- 비닐봉지는 모두 치워라. 고양이가 비닐봉지를 가지고 놀다가 질식해서 죽을 수도 있다.
- 다리미판을 세워놓지 말라. 특히 다리미가 얹혀 있다면 최악이다. 다리미판은 매우 불안정한 구조를 갖고 있기 때문에 고양이가 위로 뛰어오르면 넘어질 수 있다.
- 창문마다 방충망을 빈틈없이 설치해둔다.
- 고양이가 전깃줄을 씹지 못하게 플라스틱이나 고무 커버를 씌운다.
- 동전, 못, 구슬 등 고양이가 삼킬 수 있는 작은 물건들을 숨긴다.
- 될 수 있으면 촛불을 켜지 말라. 마일 촛불을 켜놓았을 경우에는 절대로 자리를 뜨지 말라. 고양이는 따뜻한 것을 좋아하는 데다 자칫 잘못하면 촛불을 넘어뜨려 불을 낼 수도 있다.
- 높은 선반에 올려둔 깨질 수 있는 귀한 물건들은 모두 안전한 곳으로 치워

야 한다.

- 벽난로가 있는 경우, 벽난로 입구를 막고 연통도 막아둔다. 호기심 많은 고양이가 온 집 안에 재투성이 발자국을 남길지도 모른다. 그리고 아주 호기심이 많은(그리고 운동능력이 뛰어난) 고양이라면 연통을 타고 지붕 위로 올라갈 수도 있다.

> ⚠ 주의
>
> 노끈, 실, 리본, 치실 등은 안전한 곳에 간수하라. 고양이는 특수한 구조의 혀를 가지고 있어 자칫하면 삼켜버릴 수 있다. 고양이의 혀에 있는 돌기들은 목 안쪽을 향해 나 있는데 여기에 끈이 걸리면 목구멍으로 넘어가게 된다. 그리고 본의 아니게 상당한 길이의 끈을 삼킬 수 있다.

고양이와 호기심

새로운 환경을 접한 고양이는 천장에서 바닥까지 온 집 안을 샅샅이 탐색하여 작은 틈새 하나까지도 전부 머릿속에 새겨둔다. 불행히도 '호기심이 고양이를 죽인다'는 속담은 상당히 근거 있는 말이다. 고양이는 자묘든 성묘든 주인이 상상도 못할 숨어 있을 곳을 찾아내는데, 가끔씩 거기서 빠져나오지 못해 애를 먹는 일이 생기기도 한다.

예를 들어 고양이는 등받이를 뒤로 젖힐 수 있는 안락의자의 틈새 사이에 몸을 숨기곤 하는데, 이때 등받이를 세우면 부상을 입게 된다. 또 고양이는 따뜻한 빨래건조기 안에서 자는 것도 좋아하는데, 고양이가 건조기 안에 있다는 사실을 모른 채 기계를 작동시키는 바람에 고양이를 잃은 주인들도 부지기수다. 이런 비극을 막기 위해 가능한 한 그런 공간들을 늘 확인하고, 최소한 정기적으로나마 점검하도록 한다.

고양이를 키울 때
필요한 물품

우리가 사는 이 상업적인 사회는 평범한 고양이의 생활수준을 향상시킬 수 있
는 수없이 많은 고양이용품들을 판매하고 있다. 물론 이러한 것들이 전부 필요
한 것은 아니지만, 아래 설명한 몇 가지는 필수적으로 갖춰야 한다.

화장실 상자   고양이가 언제든지 접근할 수 있는 조용한 장소에 배치한다.
고양이 한 마리당 최소한 한 개 이상의 화장실이 집 안에 있어야 하며, 여
분을 마련할 수 있다면 더욱 좋다. 고양이는 보통 뚜껑이 있는 것보다 뚜
껑이 없는 것을 선호한다.(예기치 못한 상황이 발생했을 때 쉽게 도망갈 수 있
기 때문이다.)

고양이 집   연구 조사에 의하면 미국에 살고 있는 반려묘 중 60퍼센트가
주인과 함께 잠을 잔다고 한다. 그렇지만 고양이가 다른 곳에서 자길 원
한다면 다양한 제품들을 구매할 수 있다. 그중에서도 가장 인기가 좋은
것은(적어도 고양이들에게) 천장이 높고 분리해서 세탁할 수 있는 천 덮개
가 씌워진 컵 모양의 집이다. 이런 고양이 집은 체온을 유지하고 몸을 동

그렇게 말고 잘 수 있게 해준다.

스크래칭 포스트(기둥형 발톱긁개) 부드러운 카펫보다 사이잘 로프로 된 것이 좋다. 전자의 경우 자칫하면 고양이가 집 안의 카펫이나 겉천을 댄 물건을 긁어도 괜찮다고 인식할 위험이 있다.

장난감 정교하거나 복잡할 필요는 없다. 사실 가장 단순한 장난감이야말로 최고의 즐거움을 선사한다.(94쪽 '고양이가 좋아하는 놀이' 참조)

빗·브러시 장모종의 고양이에게는 가늘고 촘촘한 빗과 솔 브러시, 철사 브러시, 그리고 때로는 칫솔(얼굴 털 손질용)이 필요하다. 단모종은 가늘고 촘촘한 빗과 부드러운 솔 브러시, 고무 브러시, 그리고 섀미 가죽천이 있으면 좋다.

목걸이·이름표 고양이를 데려오자마자 목걸이에 고양이의 이름과 자신의 전화번호를 적어 채워준다. 그리고 예방접종을 맞고 나면 그 내용을 적은 인식표도 함께 달아준다. 안전을 위해 장애물에 걸려 목이 죄이면 저절로 분리되는 '분리형 목걸이'가 좋다.(97쪽 '이름표 달기' 참조)

밥그릇·물그릇 모든 고양이에게는 자기만의 밥그릇이 필요하다. 가장 좋은 것은 스테인리스 그릇이다. 사기그릇은 깨지기 쉽고, 플라스틱은 간혹 알레르기 반응을 보이는 경우도 있기 때문이다. 그릇의 입구는 고양이의 수염이 닿지 않을 만큼(이런 경우 고양이는 불쾌감을 느낀다.) 충분히 넓어야 한다. 밥그릇과 물그릇은 조용한 장소에 놓아둔다. 개를 함께 키운다면 개가 고양이의 밥그릇에 접근하지 못하도록 해야 한다.

이동장 충격에 강한 플라스틱 본체에 쇠창살로 된 것으로 선택한다. 고양이를 옮길 때 필수적인 도구다.

고양이 용품

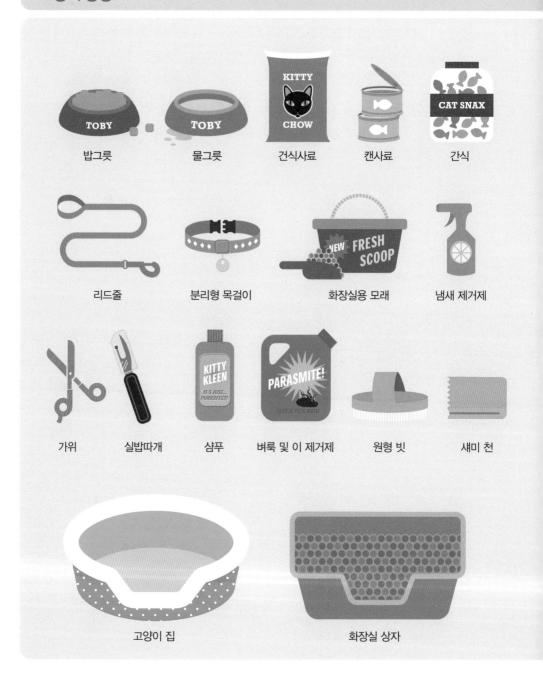

밥그릇　　　　물그릇　　　　건식사료　　　　캔사료　　　　간식

리드줄　　　分리형 목걸이　　　화장실용 모래　　　냄새 제거제

가위　　　실밥따개　　　샴푸　　　벼룩 및 이 제거제　　　원형 빗　　　섀미 천

고양이 집　　　　　　　　　화장실 상자

다음 제품들은 고양이가 안전하게 집 안에 적응하고 생활할 수 있도록 도와준다.

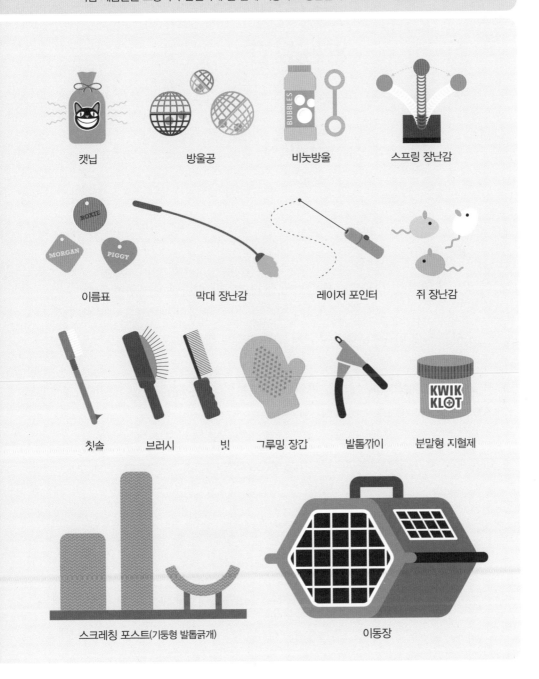

캣닙

방울공

비눗방울

스프링 장난감

이름표

막대 장난감

레이저 포인터

쥐 장난감

칫솔

브러시

빗

그루밍 장갑

발톱깎이

분말형 지혈제

스크레칭 포스트(기둥형 발톱긁개)

이동장

고양이를
안는 방법

당신의 의도가 확실하며, 부드럽고 상냥하게 다루기만 한다면 대부분의 고양이들은 품에 안기는 것을 그리 싫어하지 않는다. 하지만 갑작스럽게 쫓아가거나 붙잡으려고 하면 안 된다. 대번에 근처 소파 아래로 도망갈 것이다.

1. 한 손으로 고양이의 배 아래를 받친다. 대부분의 고양이는 거꾸로 들리는 것보다 똑바른 자세를 좋아한다.

2. 다른 쪽 손으로 고양이를 자신의 가슴 쪽으로 안아 든다.

> 💡 전문가의 tip
>
> 고양이가 발톱을 세우거나 이빨로 물더라도 피하지 말라. 깜짝 놀라 손을 피하는 것은 고양이가 사냥을 할 때 도망가는 먹잇감과 비슷한 반응이기 때문에 외려 더욱 세게 깨물거나 할퀼 수 있다. 대신 동작을 멈추고 그대로 가만히 있어라. 반응을 보이지 않으면 고양이의 사냥 본능도 곧 시들해져 당신을 놓아줄 것이다.

고양이 안는 법

❶ 한 손으로 고양이의 배 아래쪽을 떠받친다.
❷ 다른 손으로 고양이를 자신의 가슴 쪽으로 안아 든다.

3. 몸집이 유난히 큰 고양이일 경우에는 팔을 고양이의 몸 뒤쪽에서부터 아래로 집어넣어 앞발 사이로 손을 빼내 받쳐 든다. 그리고 다른 한 손으로 고양이의 무게를 지탱한다. 이때 고양이가 몸부림치지 못하도록 굳게 잡도록 한다.

첫인사

같이 사는 식구들에게 고양이를 소개하는 것은 때로는 매우 복잡하고 난처한 일이 될 수도 있다. 새 식구가 된 고양이가 자묘인지 성묘인지를 고려하여 다음 지침을 순서대로 실시하라.

자묘

방 하나를 새끼 고양이를 위한 '양육실'로 정해 밥그릇과 물그릇, 고양이 집, 화장실 상자(화장실은 식기와 반드시 멀리 떨어져 있어야 한다.), 장난감, 스크래칭 포스트를 가져다 놓는다. 고양이가 화장실 상자를 이용하는 습관이 들 때까지 그 방에서 나오지 못하게 한다. 일정한 시간대에 먹이를 주고 만지고 놀아줌으로써 이런 생활에 익숙해지게 한다. 아이들은 어른의 감독하에서 놀이 시간에만 고양이와 접촉해야 한다.

집 안의 모든 위험 요소를 정돈하면(56쪽 '집 안 점검하기' 참조) 당신의 감독 아래 고양이가 양육실 외의 다른 공간을 탐색할 수 있게 해준다. 실내 훈련이 끝나고 나면 새끼 고양이 혼자 집 안 곳곳을 자유롭게 돌아다니게 내버려두어도 좋다. 물론 처음 3개월 정도는 눈을 떼지 않고 항상 지켜보아야 하지만 말이다. 고양이가 아이들과 함께 있을 때에는 반드시 어른의 감독이 필요하다.

성묘

새로운 환경을 접하는 것은 성묘에게 무척 힘들고 어려운 경험이다. 그러므로 최대한 부드럽고 점진적으로 진행하는 것이 좋다. 가능하다면 전에 사용하던 집이나 화장실 상자를 가져오도록 한다. 또한 전에 어떤 종류의 사료를 먹었는지 알아내 처음 얼마 동안은 같은 브랜드를 이용하라.

처음 집에 도착하면 일단 고양이에게 물을 마시게 해주고, 밥그릇과 물그릇, 화장실 상자(처음에는 사용하지 않을지도 모르지만)가 어디에 있는지 알려주어라. 만일 고양이가 소심하고 겁이 많은 성격이라면 방을 하나 골라 사료와 물, 화장실을 준비해준 다음 어느 정도 안정을 찾을 때까지 가둬둔다. 그 후 방문을 열어 집 안의 다른 곳을 탐색하게 해준다. 설사 고양이가 숨을 곳을 발견해 몇 시간, 또는 심지어 하루 종일 '실종'되더라도 놀라지 말라. 자신의 상황을 어느 정도 파악하고 나면 금세 새로운 가족의 일원이 될 수 있을 것이다.

이렇게 새로운 환경에 적응하는 동안에는 아이들이나 다른 반려동물, 낯선 사람들과의 상호작용은 최소한으로 국한시켜야 한다. 간혹 스트레스를 받으면 비밀 장소에 숨거나 파괴적인 행동 혹은 배변 실수 등과 같은 행위가 나타날 수 있다. 이런 행동들은 대부분 고양이가 새로운 환경에 자신감을 얻게 되면 금세 사라진다.

> **♀ 전문가의 tip**
>
> 명절은 고양이를 입양하기에 부적합한 시기다. 원래 고양이는 조용한 분위기에서 주인의 관심을 듬뿍 받으며 새로운 환경을 접해야 한다. 집 안 분위기가 시끌벅적하고 고향에 내려가거나 손님들을 맞이해야 하는 명절 기간에는 거의 불가능한 일이다.

갓난아이가 있을 경우

새로 입양한 고양이를 갓난아이에게 소개하는 일은 많은 면에서 그보다 나이가 많은 아이들에게 소개하는 것보다 훨씬 쉽고 간단하다. 아기를 안고 고양이에게 가까이 접근해 아기를 관찰할(고양이가 그럴 의사를 보인다면) 기회를 주기만 하면 되기 때문이다. 그런 다음 아기가 있을 때 고양이가 어떻게 행동하는지 자세히 지켜본다. 다만 절대로 둘만 남겨두고 자리를 떠서는 안 된다. 만약 고양이가 가족의 오랜 일원이고 아기가 새로 갓 태어났다면 다음 과정을 참고하라. 아기와 고양이가 사이좋게 지내는 데 도움이 될 것이다.

- 아기를 집으로 데려오기 전에 아기가 사용하는 로션이나 파우더를 당신의 피부에 발라 고양이가 그 냄새에 익숙해지도록 한다. 아기 방이 준비되면 고양이가 그 안을 탐색할 수 있게 해준다.(70쪽 그림 1)
- 만약 고양이가 갓난아이들에게 익숙하지 않다면 아기가 있는 친구를 초대하여 고양이에게 경험할 기회를 준다. 다시 강조하지만 아기가 고양이와 함께 있을 때에는 눈을 떼지 말고 항상 신중하게 지켜보아야 한다.
- 아기를 집에 데려오기 전에 고양이를 수의사에게 데려가라. 고양이에게 질병이나 기생충이 없음을 확인하고 필요한 모든 예방접종을 완전히 끝마쳐야 한다.
- 아기가 집에 오면 최대한 안전하고 위협적이지 않은 방식으로 고양이에게 아기를 소개시킨다. 아기를 안은 채 고양이가 스스로 접근하여 이 새로운 존재를 살펴보도록 해준다. 고양이가 아기의 일상생활을 최대한 많이 접할 수 있도록 하라.(70쪽 그림 2)

> **♀ 진문가의 tip**
>
> 미신과 달리 고양이는 갓난아이의 '생기'를 훔쳐가지 않는다. 그렇지만 고양이가 아기 요람에 들어가 잠을 자게 해서는 안 된다. 고양이는 요람처럼 따뜻하고 부드럽고 기분 좋은 장소를 좋아하기 때문에 주의해야 한다.

고양이와 갓난아이의 첫만남

그림 1

만남 전에 해둘 일

1 아기 방 탐색
2 베이비파우더 냄새에
  익숙해지게 하기.
3 기생충 검사
4 예방접종

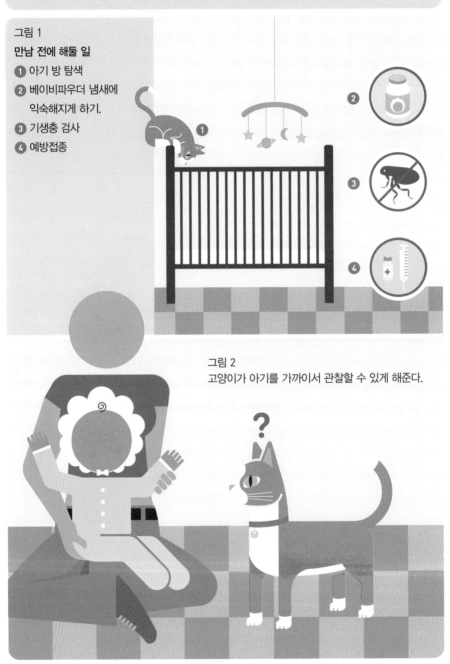

그림 2
고양이가 아기를 가까이서 관찰할 수 있게 해준다.

- 가능하다면 고양이에게 아기가 태어나기 전과 비슷한 수준의 (또는 더 많은) 관심을 보여주어라.
- 아기를 절대 고양이와 단둘이 내버려두지 말라.

아이들과 첫인사하기

일단 새로운 환경에 익숙해지면 이제 고양이는 나이 어린 가족들을 만날 준비를 마친 셈이다. 이 과정은 고양이가 아직 생후 1년이 채 안 된 자묘인지 다 자란 성묘인지에 따라 각각 달라진다.

자묘

- 아이들에게 새끼 고양이를 보여주기 전에 이 새로운 식구는 매우 연약하므로 대단히 조심스럽게 다루어야 한다는 사실을 알려주어라. 아이들에게 고양이를 안는 올바른 방법을 가르친다.
- 아이들에게 고양이를 건네줄 때는 아이를 바닥에 앉힌다.(72쪽 그림 2) 새끼 고양이가 몸부림을 치거나 꿈틀대면 어린아이들은 고양이를 바닥에 떨어뜨리기 쉽다.(72쪽 그림 1)
- 책임감이 강한 아이의 경우 친근감을 기르기 위해 새끼 고양이에게 밥 주는 일을 맡길 수 있다. 그러나 고양이의 건강과 전반적인 관리·유지의 책임은 궁극적으로 어른에게 있다는 것을 잊지 말라.
- 어린아이와 새끼 고양이와의 접촉은 성인의 감독하에서만 이루어져야 한다. 아주 어린 아이들(6세 이하)은 고양이뿐만 아니라 아이들 자신의 안전

> 💡 전문가의 tip
>
> 6세 이하의 매우 어린 아이가 있는 가족의 경우 너무 어린 새끼 고양이는 그다지 좋은 선택이 아니다. 최소한 4개월 이상은 되어야 튼튼하고 민첩하며, 아이들의 요구에 훨씬 잘 적응할 수 있다.

어린이와 자묘의 만남

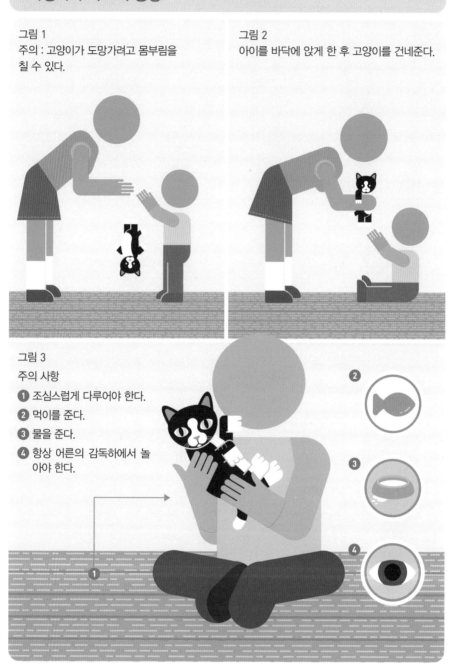

그림 1
주의 : 고양이가 도망가려고 몸부림을
칠 수 있다.

그림 2
아이를 바닥에 앉게 한 후 고양이를 건네준다.

그림 3
주의 사항
❶ 조심스럽게 다루어야 한다.
❷ 먹이를 준다.
❸ 물을 준다.
❹ 항상 어른의 감독하에서 놀
아야 한다.

을 위해 새끼 고양이와의 접촉을 최소한으로 제한해야 한다.

성묘

- 아이들에게 고양이를 보여주기 전에, 이 새 식구가 위험하다는 느낌을 받았을 때에는 스스로를 방어하거나 도망칠 수도 있다는 사실을 이해시켜야 한다. 아이들에게 고양이를 안는 올바른 방법을 가르쳐라.
- '공식적인 인사'가 반드시 필수적인 것은 아니다. 만일 아이가 어른스럽고 보채지 않을 만큼 인내심이 있다면 고양이가 내킬 때 아이를 직접 만나러 올 수도 있다.
- 만일 공식적인 인사가 필요하다면 공을 이용해 고양이가 아이와 놀도록 꾀어낸다.(74쪽 그림 5) 그러나 놀이가 지나치게 과열되지 않도록 신경 쓰기 바란다.
- 설사 놀이 중의 일이라고 해도 고양이가 아이의 손이나 팔다리를 공격하지 못하게 하라고 아이에게 가르친다.
- 고양이가 식사를 하거나 잠을 자고 있을 때는 아이들이 고양이를 건드리지 않게 하라.(74쪽 그림 4) 영역을 침범당할 경우 거칠고 위험한 방식으로까지 반응하지는 않겠지만 아이들을 불안한 존재로 인식할 것이다.
- 고양이가 아이들에게 편안함을 느낄 때까지 고양이를 적극적으로 쓰다듬거나 껴안고 싶어 하는 충동을 억제시켜라.
- 아이들에게 고양이의 꼬리를 잡아당기지 못하게 하라. 배를 건드리거나 다독이지도 못하게 하라. 배는 고양이에게 매우 민감한 부위다.
- 고양이가 아이들과의 만남을 끝내기로 결심하고 걸어가버려도 이를 순순히 받아들이고 그 뒤를 쫓아가지 않도록 하라.

> 💡 **전문가의 tip**
>
> 아이들에게 고양이의 음성언어를 해석하는 방법을 가르쳐라.(84쪽 참조) 아이들이 고양이의 기분을 이해하고 오해를 피하는 데 도움이 된다.

어린이와 성묘의 만남

그림 4

아래 경우에는 고양이를 만지지 않는 것이 좋다.

❶ 고양이가 자고 있을 때

❷ 먹이를 먹고 있을 때

그림 5

공을 이용해 고양이와 놀아준다.

- 가능한 한 고양이의 식기와 화장실, 잠자리를 아이들이 자주 지나다니는 길목에서 먼 곳에 마련한다.

다른 고양이를 함께 키울 경우

이미 고양이를 키우고 있는 집에 새로운 고양이 식구를 들이는 것은 주인과 두 고양이 모두에게 힘든 일이 될 수 있다. 야생 고양이들은 모두 각자의 영역을 가지고 있고, 있는 힘을 다해 이를 지키기 때문에 번식기를 제외하면 동족과 마주칠 기회가 거의 없다. 집에 새 고양이를 데려온다는 것은 실질적으로 지금 키우고 있는 고양이에게 자신의 영역을 공유해달라고 부탁하는 것이다. 그나마 다행스러운 것은 적절한 방법을 사용하면 이 같은 상황에서도 모두를 만족스럽게 할 수 있다는 점이다. 하지만 고양이들이 서로에게 완전히 익숙해지려면 몇 주, 또는 몇 개월이 걸릴 수도 있다.

- 새 고양이를 집에 데려오기 전에 반드시 동물병원에 먼저 들러 고양이 백혈병이나 고양이 에이즈가 있지는 않은지 철저하게 검사하라. 필요하다면 모든 예방접종을 받도록 하라.
- 지금 키우고 있는 고양이도 기생충 검사를 하고 모든 예방접종을 맞힌다.
- 새 고양이를 데려오기 전에 고양이가 머물 방을 골라 밥그릇, 물그릇, 화장실, 스크래칭 포스트, 장난감을 마련해놓는다. 그런 다음 고양이가 어느 정도 안정을 찾고 당신과 새로운 환경에 익숙해질 때까지 며칠 격리해둔다.
- 예전부터 키우고 있는 고양이가 새 고양이가 머무르고 있는 방의 문을 조사할 수 있게 해준다. 단, 방문을 열어주지는 말라.
- 고양이들이 서로의 냄새에 익숙해지면 문을 살짝 열어두고(너무 활짝 열리지 않게 쐐기로 고정시킨다.) 잠시 서로를 탐색하게 한다.
- 새로 온 고양이를 이동장에 넣어 집 안의 주요 생활공간으로 데려가 원래 키우던 고양이와 서로 접하도록 해준다. 두 고양이에게 이 만남이 더욱 즐

거운 경험이 될 수 있도록 맛있는 간식을 챙겨준다. 고양이들이 서로 친해
질 때까지 이를 반복한다.
- 새 고양이를 이동장에서 꺼내어 고양이들이 함께 시간을 보내게 한다. 단,
이를 주인이 지켜보고 있어야 한다. 5~10분 정도에서 시작해 더 이상 따로
분리해둘 필요가 없어질 때까지 점차 시간을 늘려나간다.

> ⚠️ 주의
>
> 만약에 두 마리가 싸움을 벌일 경우 손으로 둘을 떼어놓으려고 하지 말라. 잘못하다간 심
> 각한 부상을 입을 수 있다. 싸움을 말리기 위해서는 갑자기 커다란 소리를 내는 것만으로
> 도 충분하다. 그래도 효과가 없다면 물을 뿌리거나 담요나 베개를 던져보라.

함께 키우기 좋은 고양이 쌍

그럴 리 없다고 생각할지도 모르지만, 고양이는 한 마리를 키우는 것보다 두 마
리를 키우는 것이 더 편하고 수월할 때가 많다. 하루 종일 주인을 쫓아다니거나
커튼이나 가구를 공격하는 대신, 남아도는 기운을 대부분 동료 고양이에게 쏟
아붓기 때문이다. 최상의 결과를 얻기 위해서는 어떤 동료를 데려오는 것이 가
장 적합할지 숙고해볼 필요가 있다.

예를 들어 아직 어리고 힘이 넘치는 (중성화된) 수고양이는 비슷한 나이 또래
의 수고양이와 가장 잘 지낸다. 흥미롭게도 조용하고 차분하며 어느 정도 나이
가 있는 (중성화된) 수컷은 낯선 이들에게 강한 경계심을 보이는 (중성화된) 암
컷보다도 새끼 고양이(성별에 상관없이)와 가장 사이가 좋다. 오랫동안 혼자 지
내온 나이 든 암컷은 그보다 어린 암고양이와 가장 잘 맞는다.

개를 함께 키울 경우

적절한 방식으로 서로 인사시킨다면 개와 고양이는 좋은 친구가 될 수 있다. 개

최적의 고양이 쌍

어리고 중성화 수술을 한 수고양이들

나이가 많고 중성화된 수고양이와 새끼 고양이(성별은 무관)

나이가 많고 중성화된 암고양이와 그보다 어린 암고양이

와 고양이가 행동양식에서 뚜렷한 차이가 있음을 인정하고, 이 같은 차이점이 둘 사이에서 어떤 문제를 일으키는지 이해하는 것이 중요하다.

고양이는 대개 개처럼 외향적인 성격이 아니며, 커다란 몸집의 사교성 좋은 개가 자신에게 지나친 관심을 보이면 넌더리를 낼 수 있다. 마찬가지로 개는 본능적으로 고양이를 친구나 동료가 아닌 사냥감으로 볼 수 있다. 그렇다고 개가 고양이를 공격하거나, 고양이가 개와 아무 짓도 하고 싶어 하지 않는다는 의미는 아니다. 이는 그저 둘의 관계가 그리고 둘의 중대한 첫 만남이 매우 신중하게 계획되고 관리되어야 한다는 것을 뜻한다.

- 새로운 개를 집에 데려올 경우, 특정 장소에 개를 가둬둔다. 고양이가 접근해 문 뒤에 갇혀 있는 개의 냄새를 맡을 수 있게 해준다.(그림 1)
- 개와 고양이가 새로운 환경에 익숙해지면 주인의 감독하에서 서로 대면시킨다. 개에게는 반드시 목줄을 채워야 한다. 또는 개를 크레이트[문이 달린 이동식 개집] 안에 넣어두고 고양이를 자유롭게 풀어놓는다.
- 초기에는 서로 만남을 가질 때마다 둘 다 간식을 준다. 개와 고양이 양쪽 모두에게 서로의 존재를 좋은 것과 연관시키게 할 수 있다.
- 개가 보는 앞에서 고양이를 안고 쓰다듬어주거나 반대로 고양이 앞에서 개를 쓰다듬어준다.
- 고양이가 언제든지 개에게서 도망갈 수 있도록 높은 선반이나 격리용 문을 설치한다.(그림 2)
- 고양이의 화장실 상자를 개가 접근할 수 없는 곳에 놓아둔다. 때로 개들은 고양이의 배설물을 먹는데, 이런 행동은 소화불량을 일으킬 수 있다.

💡 전문가의 tip

만일 고양이가 어렸을 때부터 개와 친숙하고, 개가 어릴 때부터 고양이를 접했다면 큰 도움이 된다.

고양이와 개의 만남

그림 1
문을 사이에 두고 만나게 한다.

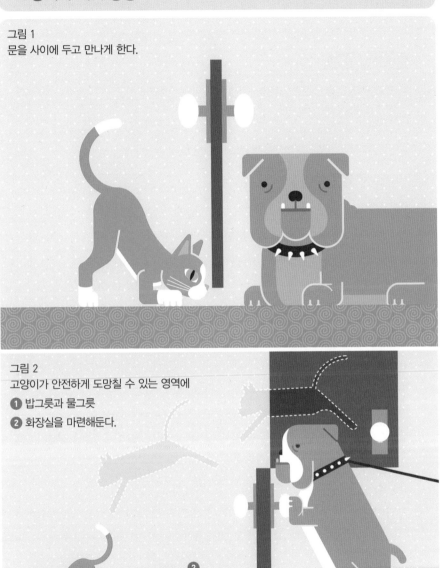

그림 2
고양이가 안전하게 도망칠 수 있는 영역에
❶ 밥그릇과 물그릇
❷ 화장실을 마련해둔다.

• 개와 고양이의 밥그릇과 물그릇, 잠자리를 서로 다른 장소에 마련해주어야 한다. 서로 침범할 수 없는 성역을 만들어주는 것이다.

> **💡 전문가의 tip**
>
> 자기 영역에 대해 민감한 고양이는 강아지나 작은 개를 괴롭히곤 한다. 그러나 개가 날카롭게 몇 번 짖어주기만 하면 이런 상황은 금세 시정된다.

다른 반려동물을 함께 키울 경우

새 새장은 고양이의 손이 닿지 않는 곳에 올려둔다. 또한 고양이의 공격을 받아도 부서지지 않을 튼튼한 새장을 마련한다. 새는 천적이 자신을 노려보기만 해도 온몸이 얼어붙을 정도로 겁을 집어먹기 때문에 가능하면 새장을 고양이가 볼 수 없는 곳에 놓아두는 것이 좋다.

설치류 고양이는 쥐를 사냥하는 본능을 가지고 있다. 때문에 이 두 동물을 함께 기른다면 한시도 방심해서는 안 된다. 작은 포유류는 반드시 우리 안에 가둬놓아야 하며, 고양이가 들어갈 수 없는 방에 두면 더욱 좋다. 만일 이런 조치를 취할 수 없다면 부서지지 않도록 튼튼한 우리를 마련하고 호기심 많은 고양이가 우리의 문을 여는 일이 없도록 해야 한다.

파충류 비단뱀처럼 커다란 종은 고양이에게 매우 위험할 수 있는 반면, 몸집이 작은 도마뱀은 고양이에게 공격을 당하거나 상처를 입을 수 있다. 언제나 두 동물을 따로 떨어뜨려놓아라.

물고기 어항에 고양이가 접근할 수 없도록 하고, 위에는 반드시 뚜껑을 덮어놓아야 한다. 안전하게 관리할 수만 있다면 물고기가 헤엄치는 수조는 고양이에게 무한한 즐거움을 줄 수 있다.

고양이와 다른 반려동물의 만남

새

설치류

파충류

물고기

이름 짓기

시간이 흐르면 고양이는 대부분 당신이 지어준 이름을 기억하고 이에 반응할 것이다. 이름은 짧고 끝이 '이'로 길게 끝나는 것이 좋다. '돌리' '앨리' '테디' 정도면 매우 훌륭한 선택이다.

'시시'나 '셰바'처럼 '쉬' 소리가 들어가는 이름은 피하는 것이 좋다. 그리고 제발, 알렉산드라처럼 복잡한 이름도 참아주기 바란다.

Chapter 3

고양이와 소통하기

고양이의 음성언어와
몸짓언어

고양이의 행동을 보다 보면 절로 웃음이 나오고 매료되고 말지만, 고양이의 기분과 생각을, 심지어 어떤 화장실 상자를 더 좋아하는지까지 이해하는 것은 그리 만만치 않다. 여기에서는 고양이의 언어를 이해하는 방법에 대해 알아보도록 하겠다.

음성언어

고양이의 음성언어는 일반적으로 다음과 같이 구분된다.[우리나라에서는 고양이 울음소리를 '야옹'이라고 표기하는 데 비해, 영어에서는 '미오우' '뮤' 등으로 표기한다. 여기에서는 고양이의 다양한 음성언어를 원문 그대로 표기했다.]

그르렁거리기(growl)　잠재적인 공격자를 쫓아내기 위해 경고를 보내며 낮게 목을 놀리는 소리.

하악질(hiss)　잠재적인 공격자에게 한 단계 높게 경고하는 소리. 고양이가 고통을 느끼고 있다는 뜻이기도 하다.

으르렁거리기(spit)   하악질보다 한 단계 높은 긴급한 경고.

새된 비명(shriek)   잠재적인 공격자에 대한 경고.

끽끽대기(squeak)   주로 놀 때, 그리고 때로 먹이를 주기를 기다리고 있을 때 보채는 높은 울음소리.

채터링(chatter)   음성이라기보다는 이빨을 부딪치는 소리로, 고양이의 사냥꾼 기질이 발동했지만 이를 충족시키지 못하고 애가 탈 때 낸다. 가령 창가에 앉아 있는 집고양이들은 정원에 날아든 새를 바라보며 이빨을 달그락거리곤 한다.

미오우(meow)   사람들의 관심을 호소하는 일반적인 고양이의 울음소리. 야생 고양이들은 이와 유사한 소리를 내지 않는다. 어쩌면 어미의 관심을 얻고자 하는 새끼 고양이들의 '뮤'가 조금 복잡해진 소리인지도 모른다.

뮤(mew)   새끼 고양이들이 관심을 호소할 때 내는 울음소리.

모운(moan)   보다 큰 소리로 절실하게 관심을 호소하는 울음소리.

트릴(trill)   새끼 고양이와 어미 고양이가 서로를 맞이할 때 반갑고 흥분해서 내는 새된 소리. 다 자란 집고양이도 때로 주인을 반길 때 이렇게 울기도 한다.

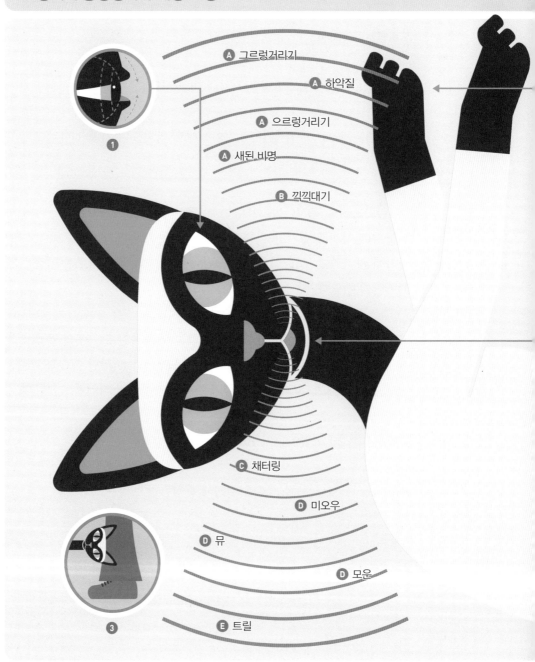

A 그르렁거리기

A 하악질

A 으르렁거리기

A 새된 비명

B 끽끽대기

C 채터링

D 미오우

D 뮤

D 모운

E 트릴

①

③

음성언어

Ⓐ 잠재적인 공격자를 쫓아낼 때

Ⓑ 놀고 싶거나 배가 고플 때

Ⓒ 사냥꾼의 본성을 드러낼 때

Ⓓ 관심을 바랄 때

Ⓔ 환영 인사

애정 표현

❶ 눈 깜박이기는 깊은 신뢰를 나타낸다.

❷ 그루밍을 해주는 것은 유대감을 구축하는 행동이다.

❸ 주인이 보는 앞에서 또는 주인에게 머리를 비빈다.

❹ 꾹꾹이는 어린 시절의 기억을 회상하는 행위다.

❺ 배를 드러낸다는 것은 당신을 깊이 신뢰하고 있다는 의미다.

애정 표현

고양이는 아주 미묘하고 섬세한 방법으로 애정을 표현하는데, 미숙하고 경험이 부족한 주인들은 이를 그냥 놓쳐버리기 쉽다. 고양이들이 가장 자주 하는 애정 표현 방법들을 몇 가지 소개한다.

눈 깜박이기　고양이들은 낯선 이들이나 잠재적인 적(다른 고양이, 사람 등)을 만나면 마치 눈싸움을 하듯 그 자리에서 미동도 하지 않고 상대를 빤히 노려본다. 고양이 세계에서 신뢰와 믿음을 보여주는 최고의 행동은 눈을 감는 것이다. 고양이가 느긋하고 태평하게 눈을 깜빡이거나 나른하게 반쯤 감은 눈으로 바라본다는 것은 주인에 대한 깊은 신뢰를 의미한다.

그루밍　고양이가 자신의 털을 손질하게끔 내버려둔다는 것은 고양이가 당신을 깊이 신뢰하고 있다는 뜻이다. 야생 고양이들은 서로의 털을 손질해줌으로써 스트레스를 해소하고 유대 관계를 구축한다. 때때로 감정 표현이 확실한 고양이들은 사람 주인의 털을 다듬어주기도 한다.

머리 비비기　고양이의 얼굴에는 영역을 표시하는 데 사용되는 호르몬 분비선이 있다. 고양이가 주인에게 얼굴을 문지르는 것은 일종의 애정 표현이자, 이 사람이 자신의 소유물임을 '표시'하는 행동이다.

꾹꾹이　앞발로 주인의 몸을 반복적으로 꾹꾹 눌러대는 일. 어린 새끼 고양이들이 어미의 젖이 많이 나오도록 젖꼭지 주위를 자극하던 행위였다.

배 드러내기　고양이가 배를 드러내는 것은 깊은 신뢰를 표현하는 의미심장한 행동이다. 그렇다고 해서 배를 긁어달라는 뜻은 아니라는 것을 명심하라. 배를 긁거나 문지르면 고양이는 재빨리 다시 방어적인 자세로 돌아갈 것이다.

목울림

고양이가 낮게 골골거리는 소리를 주기적으로 낸다 하더라도 너무 놀라지 말기 바란다. 이는 고양이가 어딘가 잘못되었다는 의미가 아니라, 흡족함에서부터 고통에 이르기까지 다양한 감정과 상태를 표현하는 방법이다.

이 소리가 어떻게 발생되는지는 전문가들 사이에서도 아직 수수께끼로 남아 있다. 한 가지 가설은 이렇게 가르랑거리는 소리가 횡격막을 지나는 커다란 혈관에서 비롯된다는 것이다. 근육이 수축되어 이 혈관을 진동시킴으로써 이런 특이한 소리를 낸다고 추측하고 있다.

목울림은 어미 고양이와 갓 태어난 새끼들에게 매우 유용한 수단이다. 어미는 목을 울려 아직 눈도 뜨지 못한 자식들에게 자신의 위치를 알려주고, 새끼들은 목을 가르랑거려(출생 후 약 일주일쯤부터 가능하다.) 아무 문제 없음을 어미에게 알린다. 사람과 상호작용을 하는 고양이들 역시 만족감을 표시하거나 도움을 요청할 때 골골거리는 소리를 낸다. 예를 들어 부상을 당했거나 몸이 아픈 고양이들은 제발 도와달라는 의미로 커다란 소리로 끊임없이 목을 울려대는 수가 있다.

고양이와 사람의 의사소통

비록 고양이가 매우 비범한 기억력을 지니고 있고 사람들이 사용하는 수십 개 단어를 익혀 각각의 차이점을 구분한다 해도, 고양이들은 이를 전혀 '이해'하지 못한다. 가령 매우 잘 훈련된 고양이조차도 '트루디'가 자신의 이름이라는 것을 이해하지 못한다. 단지 과거의 경험을 통해 특정한 소리를 들었을 때 주인에게 다가가면 기분 좋은 경험을 할 수 있다는 사실을 알고 있을 따름이다. 마찬가지로 훈련된 고양이는 "앉아."라는 말이 하나의 단어라는 것은 이해하지 못하지만, 그 음성신호가 특별한 보상을 얻을 수 있는 특정 행동을 가리킨다는 사실은 알고 있다.

수면

보통 고양이는 하루에 약 16시간 동안 수면을 취한다. 다시 말해 생애의 60퍼센트를 잠을 자며 보낸다는 의미다. 사냥꾼이자 포식자인 고양잇과 동물들은 필연적으로 이러한 생활습관을 기를 수밖에 없었다. 그들이 좋아하는 사냥감(쥐)이 대개 새벽이나 날이 저물 무렵에 가장 왕성하게 활동하기 때문에 고양이는 낮과 대부분의 밤 시간을 잠을 자며 보냈다. 그러나 고양이는 한 번에 긴 잠을 즐기기보다 얕은 '선잠'을 여러 번 잔다. 심지어 깊이 곯아떨어졌을 때조차도 주변 환경에 여전히 민감하다. 고양이는 잠을 자면서도 소리에 반응하여 귀를 움찔거리고, 아무리 미세하더라도 움직임을 감지하면 바로 눈을 뜬다. 만약 그런 소리들이 아무것도 아닌 것으로 밝혀지면 고양이는 다시 눈을 감고 금세 잠 속으로 빠져들 것이다.

고양이가 이른 아침과 초저녁에 가장 활발하다는 사실은 주인들에게 골칫거리를 안겨줄 수 있다. 특히 밤새도록 집 안을 어수선하게 돌아다니거나 새벽 5시에 광적일 정도로 활발하게 뛰어다닌다면 말이다. 최상의 해결책은 낮 시간에 고양이에게 격렬한 운동을 시키는 것이다. 고양이가(그리고 주인도) 밤새 편히 자길 바란다면 전력을 다해 힘차게 놀아주는 것이 도움이 될 것이다.

실내에서
기르면 좋은 점

얼마 전까지만 하더라도 고양이는 외출을 하거나 또는 온전히 실외에서만 시간을 보내는 동물로 인식되었다. 그러나 더 이상은 아니다. 오늘날 고양이 관리 전문가들은 고양이를 최대한 실내에서만 키우라고 충고한다. 이유는 수없이 많다.

그중에서도 가장 큰 이유는 고양이를 실내에만 머무르게 하면 치명적인 질병이나 다른 고양이들과의 영역 다툼, 개나 기타 야생동물과의 적대적인 만남 등 무수한 위협으로부터 안전할 수 있기 때문이다. 바깥세상에 고양이를 내보냈을 경우 너무나도 많은 위험이 수반되기 때문에 고양이의 활동 능력과 수명을 급격히 감소시킨다. 실내 고양이의 평균수명은 15년 혹은 그 이상인 데 비해, 실외 고양이나 외출 고양이들은 운이 좋아야 10년에 불과하다.

동물보호소에서도 이러한 차이를 명백하게 인지하고 있으며, 점점 더 많은 동물보호소가 고양이를 실내에서만 키우겠다는 동의서에 서명을 받지 않는 한 고양이를 분양하기를 거부하고 있다.

이상적으로, 새끼 고양이는 외출을 절대 시키지 않고 집 안에서만 키우는 것이 좋다. 대부분의 경우 고양이가 실내에서 지내는 것에 익숙해지도록 하는 가장 간단한 방법이다. 어른 고양이를 입양했을 때에는 여러 가지 방법들을 사용해 집 안에서만 지내는 습관을 들일 수 있다. 여기서 중요한 점은 고양이가 바깥이 아니라 집 안에서 최대한 많은 자극과 즐거움, 편안함을 느끼도록 해주어야 한다는 것이다.

> 💡 **전문가의 tip**
>
> 고양이가 손잡이를 돌려 문을 여는 버릇을 보일 때는 절대로 문이 열리지 않게 해야 한다. 만약 한 번이라도 문을 여는 데 성공하면 그런 행동을 반복하고자 하는 유혹이 강화되게 된다. 아이들에게 고양이를 항상 신경 써서 관찰하게끔 하고, 손에 짐을 들고 있을 때에는 절대로 바깥으로 이어지는 문을 열지 말라. 밖으로 나가려고 하는 고양이의 시도를 저지하기 힘들 테니 말이다.

운동과 놀이

고양이는 좀처럼 움직이기 싫어하는 듯 보이지만, 실제로는 유연하고 늘씬한 고양이들도 많다. 일부 전문가들은 고양이들이 낮잠을 즐긴 뒤 몸을 늘려 기지개를 펴는 것만으로도 필요한 운동량을 모두 충당한다고 말하기도 한다. 그러나 현명한 주인이라면 자신의 고양이와 활기찬 놀이 시간을 가질 것이다.

놀이 시간은 고양이와의 유대감을 더욱 굳건히 해줄 뿐만 아니라, 집 안에서 키우는 개를 괴롭히거나 커튼을 타고 올라가는 데 사용되었을 고양이의 넘쳐흐르는 에너지를 소모시켜준다. 10~15분 정도의 짧은 놀이 시간을 가져라. 고양이는 마라톤이 아니라 짧은 시간 동안 폭발적으로 격렬한 활동을 즐기는 스타일이다. 피곤해지면 놀이에 대한 흥미를 잃거나 다른 곳으로 어슬렁거리며 알아서 사라져버릴 것이다.

놀이 시간이 끝나면 장난감을 치워놓는다. 그래야 고양이가 장난감을 가구 밑에 숨겨놓거나 갈기갈기 찢어발기는 것을 예방할 수 있다.

고양이가 좋아하는 놀이

타고난 호기심을 지닌 고양이는 집 안의 거의 모든 물건을 놀이거리로 바꿔버릴 수 있다. 이러한 놀이는 때로 귀중한 물건을 파괴하는 결과로 이어지기도 하기 때문에, 이를 예방하려면 아래 내용을 유념하는 것이 좋다.

- 고양이가 가장 좋아하는 장난감 중 하나가 막대기에 매단 끈이다. 의자에 가만히 앉아 손목을 움직이는 것만으로도 간단히 고양이를 즐겁게 해줄 수 있다.
- 빈 욕조에 탁구공을 넣고 고양이가 가지고 놀게 해준다. 특히 새끼 고양이와 어린 고양이들이 좋아하는 놀이다.
- 어떤 고양이들은 종이가방이나 상자 속을 탐험하기를 좋아한다. 단, 손잡이가 달린 종이가방은 피하기 바란다. 둥근 손잡이에 목이 걸리기 쉽기 때문이다. 비닐봉지는 질식할 위험이 있으니 조심하라.

> ⚠ **주의**
>
> 고양이가 삼킬 수 있는 작은 물건들은 갖고 놀지 않도록 조심하라. 특히 노끈, 리본, 실 등은 혼자서는 가지고 놀지 못하게 해야 한다. 가게에서 구매한 장난감의 경우에는 부품이 떨어져 삼킬 수 있으니 꼼꼼히 살펴보기 바란다. 그리고 고양이가 새로운 장난감을 가지고 놀 때는 예기치 못한 문제가 생길 수 있으니 주의 깊게 관찰하라.

> 💡 **전문가의 tip**
>
> 고양이와 놀아줄 때는 그 흥겨운 공격성이 반드시 장난감을 향하도록 해야 한다. 주인의 손이나 그 밖의 신체 부위에 달려들거나 물거나 공격을 하도록 내버려두면 안 된다. 고양이가 자신이 신뢰하는 인간을 공격해도 된다는 잘못된 메시지를 받게 될 수도 있기 때문이다.

고양이가 좋아하는 놀이

막대기에 매단 끈

탁구공 놀이

창가 자리

캣닙(개박하)

- 고양이는 어두운 방 안에서 벽이나 바닥에 작은 불빛이 움직이는 것을 보면 마치 사냥을 하듯 그 뒤를 쫓아다닌다. 레이저 포인터나 손전등을 사용해보라.
- 정원에 놓인 새 모이통이 내다보이는 창가 자리는 고양이에게 끝없는 즐거움을 선사한다.

캣닙

많은 고양이들이 캣닙(catnip)이 들어 있는 장난감을 가지고 노는 것을 좋아한다. 캣닙(학명 '네페타 카타리아'Nepeta cataria)은 박하과의 식물로 '개박하'라고도 불리는데, 대마초가 우리 사람에게 미치는 것과 비슷한 영향을 고양이에게 끼친다.

캣닙에 노출된 고양이는 황홀경에 빠져 약 10분가량 캣닙이 들어 있는 물체에 얼굴을 비비며 즐거워할 것이다. 그 후에는 모든 증상이 사라지며, 최근의 연구에 따르면 장기적 또는 단기적 부작용도 없다. 모든 고양잇과 동물들은 심지어 사자까지도 캣닙에 민감하다.(귀오줌풀과 캐나다의 허니서클honeysuckle도 비슷한 반응을 야기한다.) 그러나 모든 고양이가 똑같은 영향을 받는 것은 아니다. 성묘 가운데 오직 50~60퍼센트만이 캣닙에 반응하며, 생후 2개월 미만의 새끼 고양이들은 아무런 반응을 보이지 않는다.

이름표 달기

이론상으로는 아무리 실내 고양이라도 언제나 이름표가 달린 목걸이를 차고 있어야 한다. 방 안에 틀어박혀 밖에 나가지 않는 고양이도 언제든지 길거리에 홀로 떨어지는 불의의 상황이 닥칠 수 있기 때문이다.

고양이가 안전하게 집으로 돌아올 수 있도록 이름표에는 당신의 이름과 주소, 자택 및 직장의 전화번호를 적어둔다. 미국의 경우, 많은 지역에서 반려동물에게 이러한 인식표를 달 것을 법률로 의무화하고 있다. 그러나 목걸이를 벗길 줄 아는 고양이들의 놀라운 재능, 그리고 목걸이가 어딘가에 걸렸을 경우 질

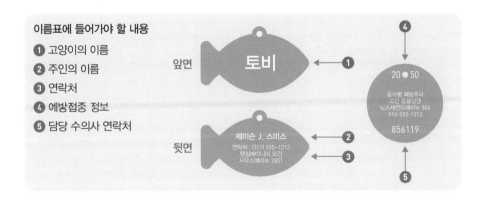

이름표에 들어가야 할 내용
1 고양이의 이름
2 주인의 이름
3 연락처
4 예방접종 정보
5 담당 수의사 연락처

앞면
토비 ← 1

뒷면
제이슨 J. 스미스 ← 2
연락처 : (321) 555-1212
펜실베이니아 모건
사우스에비뉴 2801 ← 3

4
20 ● 50
광수병 예방주사
고긴 동물병원
노스세컨드에비뉴 306
910-555-1313
856119
↑
5

식을 방지하기 위한 분리형 목걸이 때문에 이 같은 인식표가 유일한 또는 최고의 수단은 아니다.

고양이의 피부에 문신을 새기거나 잔자칩을 이식하는 방법도 있다. 쌀알만 한 크기의 전자칩은 어깨뼈 사이의 피부 밑에 주입되는데, 이를 스캔하면 고양이 주인에 관한 정보를 알 수 있다. 칩 스캐너는 대부분 길고양이 보호소와 동물보호협회, 동물보호소, 동물병원 등에서 주로 사용된다. 그러나 '칩을 주입한' 고양이라도 신원을 확인할 수 있는 목걸이를 차는 것은 필수다. [우리나라의 경우에도 동물 유기 방지를 위해 각 지자체 별로 개·고양이 등 애완동물에게 전자칩을 의무화하는 조례 제정 움직임이 일고 있다.]

화장실 훈련

고양이가 반려동물로서 인기가 좋은 이유 중 하나는 스스로 몸단장을 할 줄 아는 매우 청결한 동물이기 때문이다. 고양이는 자신의 털을 직접 깨끗이 닦고 정리하며, 신진대사의 결과물을 일정한 장소에 배출하고 이를 보이지 않게 숨기기까지 한다. 성묘는 본능적으로 화장실 상자를 이용하는 경우가 대부분이다. 배변 훈련이라고 해봤자 화장실이 어디 있는지를 보여주고, 그것을 사용하도록 얼마 동안 지시해주면 된다.

새끼 고양이들도 본능적으로 자신의 배설물을 땅속에 파묻는데, 이는 어미의 행동을 지켜보고 관찰함으로써 습득되고 강화된다. 때문에 새로 입양한 새끼 고양이일지라도 화장실 훈련을 따로 '가르쳐야' 하는 경우는 그다지 많지 않다. 고양이의 보금자리가 될 방에 화장실 상자를 놔두고 고양이가 어떻게 행동하는지 관찰하라. 고양이가 알아서 화장실 상자를 사용하지 않는다면 배변을

> **💡 전문가의 tip**
>
> 이상적인 조건은 집 곳곳에 화장실을 만들어주거나, 자신이 키우는 고양이보다 더 많은 수의 화장실 상자를 마련하는 것이다.

할 조짐(바닥에 주저앉아 꼬리를 들어 올리는 행동)이 보일 때마다 재빨리 화장실로 옮겨라. '사고'를 쳤을 경우에는 사고 친 자리를 깨끗이 문질러 닦아라. 고양이는 한 번 화장실로 이용한 장소를 계속해서 사용하는 습관이 있기 때문이다.

배변 실수 대처법

훈련이 잘된 고양이는 배변과 관련하여 '사고'를 치는 경우가 거의 없다. 그러나 일단 한 번 실례를 하면 엄청난 재앙이 되기 십상이다. 고양이의 소변에는 암모니아 성분이 대단히 많이 함유되어 있기 때문에 매우 불쾌한 냄새를 풍긴다. 특히 가구에 묻었을 경우에는 깨끗이 닦아내기가 무척 힘들다. 그러나 그 독한 냄새를 없애지 않으면 고양이는 다시금 그 자리를 이용하고자 하는 강력한 유혹을 느낄 것이기 때문에 반드시 완벽하게 제거해야 한다.

먼저 배변 실수를 한 자리를 탄산수나 비눗물로 박박 문질러 닦아라. 고양이가 싫어하는 식초나 구강청정제를 약간 첨가하면 더욱 좋다. 시트러스(오렌지, 레몬 등의 감귤류)향의 세제도 많은 도움이 된다. 고양이는 오렌지나 레몬처럼 톡 쏘는 향을 매우 싫어하기 때문이다. 고양이의 먹이그릇을 그 자리로 옮기는 것도 배변 실수 예방에 도움이 된다. 또 다른 해결책은 시중에서 판매하는 애완

⚠ 주의

절대로 암모니아가 주성분인 세척제를 사용해서는 안 된다. 고양이의 소변과 냄새가 비슷하기 때문에 문제를 더욱 악화시킬 따름이다.

💡 전문가의 tip

청소를 할 때 의심 가는 장소에 자외선등을 비춰보라. 고양이의 소변은 자외선 밑에서 형광색으로 빛나기 때문에 육안으로 보이지 않는 부분까지 찾아낼 수 있다.

동물용 탈취제나, 고양이가 같은 장소에 영역 표시를 하지 못하도록 막는 페로몬 스프레이를 뿌리는 것이다.

배변 실수의 원인

일시적인 문제 행동은 신체적 질병 등 여러 가지 원인이 있을 수 있다. 하지만 특별한 원인이 없고 며칠 이상 반복적으로 계속되면 수의사와 상담해보는 것이 좋다. 배변 실수를 저지르는 원인에는 다음과 같은 것들이 있다.

영역 표시 중성화되지 않은 수컷 고양이는 대개 수직면에 오줌을 뿌림으로써 영역을 표시한다. 이러한 '스프레잉'(spraying) 행위는 때로 중성화된 수컷이나 암컷에게 학습되기도 한다. 이러한 행동은 고양이가 불안감을 느낄 때 발현되기도 하는데, 예를 들어 집 안에 새로운 고양이나 식구가 들어왔을 때 나타나기도 한다.

화장실 모래의 변화 고양이는 익숙한 화장실 모래의 재질이나 혹은 향이 바뀔 경우 불쾌감을 느낀다. 실제로 고양이들은 강한 향을 싫어하기 때문에 새로운 모래를 사용하기를 거부할 수 있다.

화장실의 위치 화장실이 시끄럽고 사람들이 자주 지나다니는 길목에 있어 사생활 침해를 느낄 경우, 고양이는 화장실 상자 사용을 거부할 수도 있다. 이런 문제를 해결할 수 있는 곳으로 상자를 옮겨라.

사용하기 불편한 화장실 상자 일부 고양이들은 뚜껑이 있는 화장실 상자를 싫어한다. 안에 갇힌다는 느낌을 받기 때문이다. 한편 아직 작은 새끼 고양이들은 크고 높은 화장실을 올라가는 데 어려움을 느낄 수 있다.

배변 실수에 대처하기

배변 실수의 원인

① 화장실 모래가 바뀜
② 화장실이 사용하기 불편함
③ 화장실이 지저분함
④ 건강 이상
⑤ 영역 표시
⑥ 화장실의 위치가 좋지 않음
⑦ 심리적 문제

해결 방법

⑧ 시트러스향 세척제
⑨ 자외선등
⑩ 문제의 장소에 먹이그릇을 놓아
　반복된 행동을 예방한다.

고양이가 화장실 상자를 사용하지 않고 다른 장소에 배변을 보는 이유는 다양하다.

지저분한 화장실 화장실 상자는 반드시 날마다 청소를 하거나 쌓여 있는 배설물을 제거해주어야 한다. 고양이는 화장실의 냄새가 지독하거나 너무 더러우면 사용하려 들지 않는다.

건강 이상 당뇨병이나 신장, 방광 등의 기능 장애로 인해 배변 문제가 생길 수도 있다. 장에 기생하는 기생충이 배변 사고를 부추기기도 한다.

심리적 문제 세상살이가 지겹고, 우울하고, 외롭고, 앙심을 품은 고양이들은 때로 잘못된 장소에 실례를 하곤 한다.

스크래칭
(발톱 갈기)

고양이를 키우는 사람들은 모두 고양이가 정기적으로 발톱을 갈아야 한다는 점 때문에 상당한 곤란을 겪는다. 가장 좋은 해결책은 역시 고양이가 알아서 발톱긁개를 사용해주는 것이겠지만 가끔 의자나 커튼, 문턱 같은 부적절한 대상을 이용하곤 한다. 스크래칭은 단순히 발톱을 가는 행위가 아니다. 고양이의 발톱은 사용하지 않을 때에는 오므려서 발가락 안으로 집어넣게 되어 있기 때문에, 바닥과의 마찰만 가지고는 쉽게 뭉툭해지지 않는다.

고양이는 낡은 발톱을 벗겨내기 위해서(고양이가 긁기 좋아하는 장소에서 이런 발톱 조각을 쉽게 찾아볼 수 있다.), 그리고 자신의 영역을 표시하기 위해 발톱을 간다. 눈으로 확인할 수 있는 스크래칭 자국은 고양이가 자신의 존재를 알리는 수단이다. 발바닥에 있는 호르몬 분비선 역시 특유의 냄새를 남긴다.

만약 고양이가 부적절한 물건에 발톱을 간다면 다음 설명을 참고하여 문제를 해결하기 바란다.

1. 스크래칭 포스트를 사거나 만들어라. 표면은 사이잘 로프로 된 것이 좋으며, 카펫이나 집 안의 다른 가구류의 소재와 비슷한 것은 피해야 한다.

스크래칭 포스트

❶ 부드러운 카펫이 아니라 사이잘 로프로 감긴 제품을 선택한다.

❷ 기둥을 캣닙으로 문지른다.

❸ 고양이에게 사용법을 보여준다.

2. 기둥을 캣닙으로 문지른다.(캣닙에 관심이 없는 아주 어린 고양이라면 이 단계는 건너뛴다.)

3. 고양이에게 스크래칭 포스트를 보여주고, 고양이가 그 용도를 이해할 때까지 손톱으로 긁으며 시범을 보인다.

4. 고양이가 특정 가구를 공격하는 버릇이 있다면 그 가구 앞에 스크래칭 포스트를 가져다둔다. 그런 다음 고양이의 공격에 시달린 장소에 양면테 이프를 붙여 또다시 공격하지 못하게 한다.(고양이는 끈적거리는 물질을 매 우 싫어한다.)

5. 고양이가 긁어서는 안 될 것을 긁고 있는 것이 보이면, 고양이를 스크 래칭 포스트 쪽으로 데리고 가라.

💡 전문가의 tip

고양이에게는 소리를 지르거나 체벌을 해봤자 아무 효과도 거둘 수 없다. 아니, 최소한 자신이 원했던 효과는 얻을 수 없을 것이다. 고양이의 행동을 바꿀 수 있는 것은 긍정적 인 강화와 행동 교정뿐이다.

Chapter 4

고양이의 습성과 훈련

고양이의
주요 습성

고양이의 습성은 (아주 똑같지는 않지만) 표범이나 호랑이, 쿠거처럼 완전히 독립적인 고양잇과 동물들의 생활습관과 매우 비슷하다. 아이러니한 점은 자연 속에서 고독한 사냥꾼으로 살아남을 수 있도록 형성된 고양이의 이러한 습성 중 많은 부분이 반대로 고양이가 사람의 훌륭한 반려동물이 될 수 있도록 도와주었다는 사실이다. 다음에 고양이의 주요 습성을 소개했다.

사회화　대부분의 고양잇과 동물들은 영역 다툼이나 번식을 위해서가 아니라면 자연 상태에서는 거의 서로 어울리지 않는다. 이처럼 집단생활을 거부하는 성향은 사람과의 동거에서도 다양한 형태로 나타난다. 실제로 고양이는 같은 반려동물인 개와는 달리 사람의 관심을 거의 필요로 하지 않는다. 또한 사람 주인의 비위를 맞추고 환심을 사는 데에도 그다지 관심이 없다. 고양이의 충성심은 주인이 '획득'해야 하는 것이며, 이는 그리 쉬운 일이 아니다.

의사소통 능력　고양잇과 동물들은 워낙 개인적이고 독자적으로 살아가기 때문에 그들의 표현 수단 역시 집단 내 의사소통 능력에 생존이 달려 있는 개만큼 다양하지 못하다. 이를테면 개는 얼굴 표정이 거의 무한한 수준이지만, 고양이의 경직된 얼굴은 정보 전달에 한계가 있다. 몸짓언어와 음성신호가 중요한 메시지를 강조하는 데 사용된다.

사냥 본능　작은 먹잇감을 사냥하는 문제에 있어서라면 고양이는 동물 세계에서 타의 추종을 불허할 정도로 독보적이다. 실제로 이러한 사냥 본능은 고양이의 거의 모든 행동과 관련되어 있다. 예컨대 고양이가 움직이는 노끈을 좋아하는 이유는 이 동물의 시각능력 자체가 작고 움직이는 물체를 포착하는 데 최적화되어 있기 때문이다. 또한 고양이가 낮 시간 내내 잠을 자는 이유도 뛰어난 사냥 기술 덕분에 격렬한 육체노동을 많이 할 필요가 없기 때문이다. 고양이는 동물들의 전통적인 사냥 시간인 밤과 이른 아침에 먹이를 찾아 배회한다.

영역 본능　고양이는 각자 자신만의 영역을 가지고 있다. 고양이가 놀라운 상황 파악 능력(고양이의 그 이름 높은 '호기심' 말이다.)을 지니고 있는 것도 자신의 영역을 순찰하고 다른 고양이들로부터 지켜야 하기 때문이다. 아프리카의 광활한 사바나든 방 두 개짜리 아파트든 고양이의 영역 내에서는 풀 한 포기, 먼지 한 점도 그 날카로운 눈과 관찰력을 비켜 갈 수 없다. 그래서 새로운 집으로 이사를 하거나 집에 새 식구가 들어오거나 심지어 거실의 가구 배치를 바꿨을 때조차 고양이는 극심한 정신적 충격을 받을 수 있다.

지배 본능　일반적으로 고양이는 고독한 동물이지만, 교미를 하는 번식기(가장 강한 수컷이 이기게 되어 있는)와 영역 다툼(가장 능력 있는 고양이가 자기 마음에 드는 영역을 차지하는)에 이르면 위계질서 문제가 불거지게 된다. 고양이의 별난 행동들에서 이를 엿볼 수 있는데, 이를테면 배설물을 땅에 묻는 행동은 천적의 추적을 피하기 위한 것이기도 하지만 다른 고양이에 대한 복종과 굴복을 암시하기도 한다. 여러 마리의 고양이가 함께 살 경우 지배적인 위치에 있는 우두머리 고양이가 마치 자신의 지위를 과시하듯 배설물을 묻지 않고 자리를 뜨는 모습을 왕왕 볼 수 있다.

몸단장

고양이의 습성 가운데 화장실 다음으로 가장 유용한 것이 바로 스스로 몸단장을 하는 것이다. 최근의 연구에 의하면 고양이는 일반적으로 생애의 15퍼센트를 몸단장에 소비한다고 한다.

몸단장 절차는 고양이의 종에 상관없이 거의 동일한데, 먼저 앞발이 살짝 젖을 때까지 핥은 다음 그 앞발로 얼굴을 닦고 머리를 빗는다. 그러고는 점차 몸의 아래쪽으로 내려가 마지막으로 꼬리를 핥아 마무리한다. 그러나 그렇다고 사람의 손길이 전혀 필요 없다는 뜻은 아니다. 장모종 고양이가 털을 항상 청결하고 단정하게 유지하기 위해서는 사람의 개입이 필요하다. 또한 단모종은 몸단장을 하는 과정에서 너무 많은 털을 섭취하여 헤어볼을 토할 수 있다.(167쪽 '헤어볼' 참조)

> ⚠ **주의**
>
> 만일 고양이가 갑자기 몸단장을 하지 않는다면 곧바로 수의사와 상의하라. 몸에 매우 심각한 문제가 있는 것일 수 있다. 마찬가지로 지나치게 몸단장에 집착하는 고양이는 심리장애를 갖고 있을 가능성이 크다.

고양이의 주요 습성

사회화

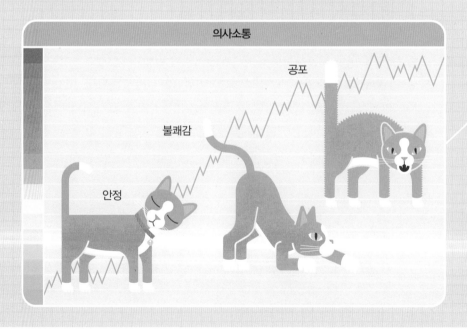

의사소통

공포

불쾌감

안정

고양이는 야생 시절부터 가지고 있던 습성을 상당 부분 간직하고 있다.

사냥 본능

영역 본능

지배 본능

고양이
훈련시키기

일반적인 믿음과는 달리, 대부분의 고양이는 훈련이 가능하다. 단, 페르시안 같은 일부 품종은 유전적으로 훈련에 적합하지 않지만, 일반적인 고양이는 살살 구슬려 새로운 행동을 가르칠 수 있다.

그러나 고양이가 갖고 있는 독특한 본성 때문에 효과를 얻을 수 있는 접근법은 오직 한 가지뿐이다. 바로 긍정적인 보상이다. 고양이는 두려움 때문에 또는 단순히 주인을 '기쁘게 하기 위해' 행동이나 재주를 배우지는 않는다. 고양이가 복잡한 행동을 익히는 것은 그것이 그만한 가치가 있음을 보여주었을 때뿐이다. 이를테면 대부분의 고양이는 전자 깡통따개 소리가 들리면 재빨리 '다가온다'. 이러한 조건은 다양한 행동에 적용될 수 있다.

사회화 훈련

많은 주인들이 고양이의 기본적인 습성에 만족해 추가적인 훈련의 필요성을 느끼지 못하긴 하지만, 고양이와 함께 행복하게 살아가는 데 매우 중대한 영향을 미치는 것이 하나 있다. 바로, 새끼 고양이(태어난 지 약 2주 후부터)가 사람에게 익숙해지도록 만들어야 한다는 것이다. 이에 실패할 경우에는 끔찍한 재앙과도 같은 결과를 맛보게 된다. 고양이가 사람을 반려자로 인정하고 받아들이는 것(혹은 적어도 참아주는 것)은 전적으로 학습된 행동에 불과하다.

　사람과의 접촉 없이 자란 새끼 고양이는 사람에게 관심이 없거나 또는 사람을 두려워하는 고양이로 자라나게 될 것이다. 그러므로 고양이와 적절한 관계를 구축하기 위해서 새끼 고양이는 반드시 어렸을 때부터 사람과 정기적이고 긍정적인 짧은 접촉을 가져야 한다. 하루에 한두 번, 약 15분 정도씩 새끼 고양이를 안고 쓰다듬어주고 함께 놀아주어라. 개나 아이들에게 익숙해지도록 비위협적인 방식으로 접촉을 가지는 것도 좋다.(71~81쪽 참조) 새끼 고양이를 입양할 경우에는 올바른 사회화 과정을 거치도록 각별히 신경 써야 한다.

훈련 요령

아래 방법들을 활용하면 복잡하고 상당한 노력이 필요한 훈련도 손쉽게 실행할 수 있다.

- 고양이가 좋아하는 간식을 이용해 행동을 장려하라. 특히 어려운 훈련을 할 때는 칭찬만으로는 원하는 행동을 이끌어내기가 힘들다. 그 행동을 완전히 습득하고 난 뒤 점진적으로 간식을 끊어나가면 된다.
- 반응을 유도하기 위해서 훈련 시간은 먹이를 주기 직전으로 잡는다. 간식 보상이 더욱 유혹적으로 보일 것이다.
- 훈련은 조용하고 주의를 흐트러뜨리는 것이 없는 장소에서 해야 한다.
- 훈련 시간은 10~15분 정도로 짧아야 한다.
- '앉아'처럼 특정 행동을 가르칠 때는 언제나 같은 단어를 사용한다. 다양한 명령어는 혼란을 초래할 뿐이다.
- 고양이가 협조적으로 굴지 않는다면 훈련을 멈추고 다음 날 다시 시도하는 것이 좋다.

- 한 번에 한 가지 행동만 가르친다. 그 행동을 완전히 습득했을 때 다음 단계로 넘어간다.
- 고양이가 당신이 원하는 행동을 해낸다면 큰 칭찬과 함께 간식을 준다.
- 날마다 늘 같은 시간대에 훈련한다.

리드줄 산책 훈련

리드줄을 매는 것은 고양이의 습성과는 거리가 멀지만 그만한 이점을 얻을 수 있다. 리드줄에 익숙해진 고양이는 응급 상황이 벌어졌을 때에도 주인의 뒤를 따라온다. 단, 모든 고양이가 이런 훈련에 적합하지는 않다. 보통 개와 같은 사교적인 성격을 지닌 '개냥이'일수록 리드줄을 쉽게 받아들이는 경향이 있다.

1. 고양이나 소형견용의 가벼운 리드줄과 가슴줄(하네스)을 구입한다. 너무 느슨하지만 않다면 가슴줄은 고양이 스스로 벗겨내기가 리드줄보다 더 어렵다. 가슴줄 안으로 손가락이 두 개 정도 들어가도록 매는 것이 가장 좋다.

2. 리드줄과 가슴줄을 며칠 동안 고양이의 잠자리 근처에 놓아두어 고양이가 이 새로운 물체에 익숙해지도록 한다.

3. 고양이에게 가슴줄을 채운 다음, 곧바로 간식이나 좋아하는 먹이를 준다. 불편해하거나 초조해하는 기색이 보이면 장난을 치고 놀아주며 주의를 다른 곳으로 돌린다. 고양이가 이 새로운 상태에 익숙해지는 듯 보이면 가슴줄을 벗겨준다.

4. 고양이가 가슴줄을 매고 돌아다니는 것을 편안하게 느낄 때까지 매일 위 3번의 사항을 반복한다.

리드줄 산책

① 교통량이 많은 지역은 피한다.

② 개가 많이 지나다니는 곳도 피한다.

③ 모든 예방접종을 마친다.

④ 고양이가 앞서 걷도록 내버려둔다. 절대로 앞장서서
   끌어당기지 않는다.

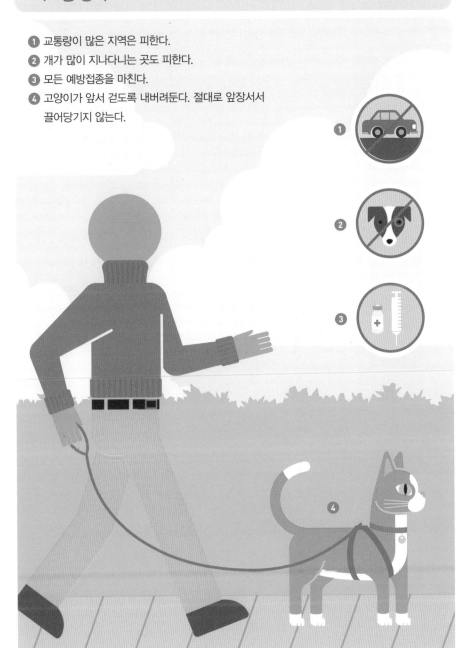

5. 고양이가 리드줄을 맨 채 집 안을 끌고 돌아다니도록 (당신의 감시하에) 내버려둔다. 단, 줄을 '잡아당기지'는 말라. 만약 고양이가 안절부절못하거나 불편한 기색을 보이면 놀이로 관심을 돌린다. 15분 정도 그렇게 내버려둔 다음, 리드줄과 가슴줄을 벗긴다. 고양이가 이런 상황에 익숙해질때까지 매일 반복한다.

6. 리드줄을 잡고 고양이의 뒤를 따라다닌다. 줄을 팽팽하게 잡아당기거나 앞장서서 이끌려고 하지 말라. 이를 며칠 동안 반복한다.

7. 고양이를 데리고 집 안을 거닌다. 밝고 높은 목소리로 따라오라는 신호를 보낸다. 고양이가 개처럼 당신의 발꿈치 뒤를 따라오리라고는 기대하지 말라. 고양이는 당신이 선택한 길을 앞뒤좌우로 어슬렁거리며 배회할 것이다. 그러나 당신이 미리 선택해둔 경로에서 완전히 벗어나게 내버려두지는 말라. 그렇다고 원하는 방향으로 데려가기 위해 줄을 공격적으로 잡아당겨서도 안 된다. 그런 행동은 고양이가 리드줄 훈련을 싫어하게 만들 뿐이다. 어쩌면 영원히 말이다.

💡 **전문가의 tip**

산책은 되도록 거리가 짧고 익숙한 지역으로 국한하는 것이 좋다. 시끄러운 자동차나 주인 없이 혼자 돌아다니는 개와 마주치지 않도록 주의하라.

⚠️ **주의**

실내 고양이에게 리드줄 산책을 시킬 작정이라면 반드시 최근에 나온 모든 예방접종을 맞혀야 한다. 벼룩과 심장사상충 약도 잊지 말라. 가슴줄에 이름표와 공수병 예방접종 정보가 적힌 인식표가 제대로 달려 있는지 확인하라.

8. 고양이가 집 안에서 리드줄 훈련에 익숙해지면 밖으로 데리고 나간다. 뒤뜰이나 현관 앞 정도면 적당할 것이다. 그리고 며칠 동안 새로운 환경에 익숙해지도록 격려한다. 초조함이나 신경질이 눈에 띄게 가시고 나면, 시험 삼아 앞서 설명한 훈련 요령을 사용해 조용하고 스트레스가 적은 환경에서 산책을 시켜본다.

'앉아' 훈련하기

1. 고양이의 머리 위쪽으로 상으로 줄 간식을 들어 올린다. 동시에 고양이의 이름을 부르면서 '앉아'라고 말한다.(그림 1)

2. 고양이가 자연스럽게 바닥에 앉을 때까지 간식을 고양이 쪽으로 움직인다.(그림 2) 만약 아무런 반응도 보이지 않으면 엉덩이를 가볍게 눌러 앉힌다. 간식을 여전히 머리 위에 든 채 '앉아'라고 말한다.

'앉아' 훈련하기

그림 1
간식을 고양이의 머리 위로 쳐든다.

토비, 앉아

그림 2
고양이가 앉는 자세를 취하도록 간식을 가까이 가져간다.

앉아

3. 고양이가 앉으면 칭찬을 하고 간식을 준다.

4. 고양이가 행동을 완전히 터득할 때까지 위 과정을 날마다 훈련 시간 동안 반복한다.

'엎드려' 훈련하기

1. 고양이의 얼굴 앞에서 간식을 흔들며 이름과 함께 '엎드려'라고 말한다.

2. 손에 든 간식을 천천히 고양이의 가슴께로 내린다. 간식의 위치가 낮아지면 고양이는 그에 맞춰 몸을 낮출 것이다.

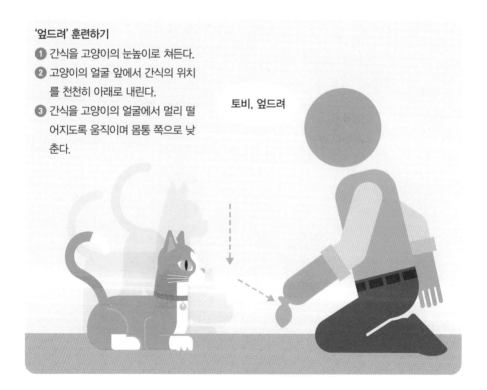

'엎드려' 훈련하기
❶ 간식을 고양이의 눈높이로 쳐든다.
❷ 고양이의 얼굴 앞에서 간식의 위치를 천천히 아래로 내린다.
❸ 간식을 고양이의 얼굴에서 멀리 떨어지도록 움직이며 몸통 쪽으로 낮춘다.

토비, 엎드려

3. 간식을 천천히 고양이의 얼굴에서 멀어지도록 움직인다. 그러면 고양이는 자연스럽게 간식을 따라가며 '엎드린' 자세를 취하게 된다.

4. 고양이가 엎드리면 칭찬을 하고 간식을 준다.

5. 고양이가 이 행동을 완전히 익힐 때까지 매일 훈련 시간마다 반복한다.

> **💡 전문가의 tip**
>
> '앉아'와 '엎드려' 훈련을 변형하여 '기다려' 훈련을 시킬 수도 있다. 고양이가 가만히 기다리고 있는 자세를 오랫동안 유지하게 하려면 행동을 한 뒤 보상을 줄 때까지의 시간을 점차 늘려가면 된다.

'이리 와' 훈련하기

이 훈련은 고양이가 집 밖으로 달아났을 때 특히 큰 도움이 된다.

1. 집 안의 한 장소를 골라 앉은 다음, 다정한 목소리로 고양이를 부른다. 간식 등 가능한 모든 방법과 수단으로 고양이가 다가오게끔 유혹한다.

2. 고양이가 가까이 다가오면 칭찬하고 보상을 해준다.

3. 다른 장소로 옮겨 같은 행동을 반복한다.

4. 이름을 부르면 즉각 달려올 때까지 최대한 매일 이 훈련을 반복한다.

이 명령은 불쾌한 일(목욕 등)에 사용해서는 안 된다. 그럴 때에는 당신이 직접 고양이에게 다가가라. '이리 와'를 불쾌한 기분과 결합시키면 고양이는 이 전체 과정을 머릿속에서 지워버릴 것이다.

던진 물건 가져오기 훈련

어떤 고양이들은 특이하게도 개가 좋아하는 이 놀이를 즐기곤 한다. 그러나 이 놀이에 참가하느냐 마느냐는 결국 고양이의 선택에 달려 있다. 당신의 고양이가 이를 좋아할지 확인할 수 있는 유일한 방법은 일단 시험해보는 것이다.

1. 면으로 된 작은 장난감을 고양이를 향해 던진다. 고양이가 각별히 좋아하는 장난감을 이용한다.

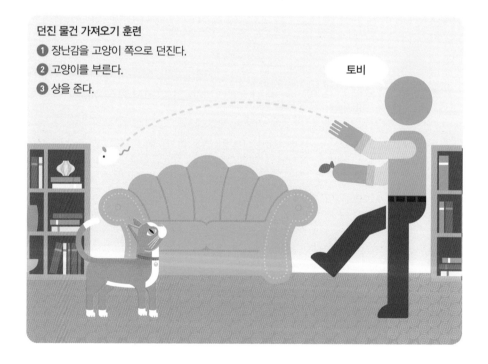

던진 물건 가져오기 훈련
❶ 장난감을 고양이 쪽으로 던진다.
❷ 고양이를 부른다.
❸ 상을 준다.

토비

2. 고양이가 장난감에 다가가 입으로 물 때까지 기다린다.

3. 고양이를 부른다.

4. 고양이가 장난감을 가지고 돌아오면 간식을 준다. 간식에 혹해 장난감을 입에서 떨어뜨리면 고양이를 칭찬해준다.

5. 고양이가 이 놀이가 어떤 식으로 진행되는지 파악할 때까지 최대한 여러 번 이 과정을 반복한다.

클리커 훈련

고양이를 훈련시킬 때 유의해야 할 점은 좋은 행동에는 반드시 즉각적인 보상이 뒤따라야 한다는 사실이다. 그래야 고양이가 그 과정을 하나로 인식하고 연관시킬 수 있기 때문이다. 가령 끊임없이 울어대는 고양이를 조용히 시키고 싶다면, 고양이가 입을 다물었을 때 상을 주어야 한다. 조용히 한 시간이 단 몇 초밖에 유지되지 않는다고 해도 말이다. 즉 훈련을 성공시키기 위해서는 원하는 행동이 나타난 바로 그 순간에 상을 주어야 한다. 만일 고양이가 조용해진 것을 깨닫고 간식을 찾아 두리번거리다 귀중한 5~6초를 소비하면 보상이 주어질 즈음에는 원치 않는 울음소리가 다시 시작될 것이고, 주인이 원하던 행동은 오히려 약화되고 만다.

이에 대한 한 가지 해결책은 클리커(clicker. 소리를 내는 딱딱이)를 이용하는 것이다. 쇠나 플라스틱으로 만들어진 이 도구가 내는 딱딱 소리는 고양이가 자신의 행동을 보상과 연결시키게 만든다. 방법은 간단하다. 저녁식사 시간이 되면 고양이의 밥그릇을 채우기 전에 클리커를 울린다. 얼마 안 가 고양이는 밥과 그 소리를 연관 짓게 될 것이며, 딱딱 소리를 들으면 밥을 먹으러 달려올 것이다. 그런 다음 훈련 시간을 활용해 이 둘 사이의 연관성을 더욱 확실하게 각인

시킨다. 가령 클리커를 한 번 울린 다음 간식이나 상을 주는 식으로 말이다.

고양이가 클리커와 간식 혹은 먹을 것의 상관관계를 뚜렷하게 인식하게 되면 이를 훈련에 이용한다. 이를테면 고양이에게 '앉아'를 가르칠 때 고양이가 당신이 원하는 자세를 취하면 즉시 클리커를 울려라. 그런 다음 간식을 준다. 여기서 중요한 것은 훈련 시에는 반드시 일관된 명령어('앉아' '기다려' 등)를 사용해야 한다는 점이다.

Chapter 5

먹이 주기

사료의
종류

고양이의 사료는 크게 두 종류로 나뉜다. 건식사료와 습식사료(캔사료)다. 건식사료는 무게에 비해 칼로리와 영양분을 더 많이 함유하고 있으며, 가격이 저렴하고 치석 문제를 줄여준다. 캔사료는 건식사료보다 고양이가 훨씬 좋아하지만, 부피에 비해 칼로리가 낮다.(70퍼센트가량이 수분이다.) 캔사료에 함유된 수분은 비뇨기 질병으로 고생하는 나이 든 고양이들의 고통을 경감시키는 데 도움이 된다. 세 번째 선택지는 이 두 가지를 섞어주는 것이다. 이때는 수의사에게 조언을 구하는 것이 좋다.

헤어볼, 당뇨병, 수고양이들이 주로 겪는 요로 장애 등 여러 문제를 다스리기 위한 특별식도 있다. 고양이에게 시판되는 사료를 먹일 때에는 될 수 있는 한 하루 권장량을 지켜라. 물론 고양이의 필요에 따라 융통성 있게 조절하는 것도 가능하다.

육류와 식물성 영양소

어떤 육식동물은 어느 정도 채식 중심의 식단에도 적응할 수 있다. 그러나 고양이는 '순수한' 포식자이기 때문에 신체가 정상적으로 작동하기 위해서는 많은 양의 고기와 지방을 섭취해야 한다. 이를테면 고양이는 식물성 카로틴을 비타민 A로 변환하지 못하며, 이 필수 영양소를 다른 동물의 내장육을 통해 섭취해야 한다. 또한 고양이는 동물세포에만 포함되어 있는 아라키돈산이라는 지방산을 필요로 하며, 특히 살코기, 생선, 조개에 들어 있는 아미노산인 타우린을 다량 섭취해야 한다.

그러나 고양이가 오로지 고기만 먹어야 하는 것은 아니다. 채소는 고양잇과 동물의 식단에서 매우 중요한 부분을 차지한다. 심지어 사자 같은 온전한 육식동물조차도 사냥감인 초식동물의 위장을 먹음으로써 필수 식물성 영양소를 충당한다.

고양이에게 필요한 영양소

- 고양이에게는 비타민 A와 E를 흡수하는 데 도움이 되는 고지방식이 좋다.
- 고양이는 극단적인 상황에서도 상당히 오랫동안 음식을 섭취하지 않고 버틸 수 있다. 고양이는 체질량의 40퍼센트를 잃기 전까지는 치명적인 상태에 빠지지 않는다.
- 고양이의 나이가 많아지면 식단의 지방 비율 또한 증가해야 한다.
- 고양이의 단백질 섭취량은 하루 필요 칼로리의 약 26퍼센트로, 매우 높은 편이다.

하루에 주어야 하는 사료의 양

일반적인 성묘는 몸무게 1킬로그램당 캔사료 60그램 또는 건식사료 20그램을 필요로 한다. 사료 포장지에 적힌 하루 권장량을 참고하라. 그러나 만일 과체중이나 저체중일 경우에는 사료의 양을 알맞게 조절해야 한다.(새끼 고양이의 식단은 174쪽을 참고하라.)

알맞은 사료
선택법

고양이 사료 제조사들은 포장지에 제품의 영양 성분에 관한 정보를 반드시 표기하도록 되어 있다. 또한 여기에는 사료의 성분과 기능, 목적이 포함되어 있어야 한다. 간단히 말해 이 사료가 어떤 종류의 고양이를 위한 것인지를 명시해야 한다는 뜻이다.

사료의 영양학적 기능과 대상을 확인하라. 대개 자묘용 사료에는 '초기 발달을 위한 완전하고 균형 잡힌 사료', 성묘용은 '성묘의 건강을 위한 완벽하고 균형 잡힌 사료'라는 식으로 씌어 있을 것이다. 품질이 좋은 제품에는 'AAFCO'(Association of American Feed Control Officials. 미국 사료검사관협회)의 고양이 사료 기준에 부합한다는 문구가 적혀 있다. AAFCO의 인증이 없는 사료는 사지 않는 것이 좋다.

자신이 키우는 고양이에게 영양상 부합하는 제품을 선택하고 나면 성분을 살펴보라. 무게 중 가장 많은 비중을 차지하는 성분이 가장 먼저 표기된다. 캔사료는 거의 언제나 육류 성분이 가장 먼저 표기되어 있는 반면, 건식사료는 성분 목록의 한참 아래에 씌어 있을 수도 있다. 캔사료는 수분 때문에 육류의 무게가 더 나가기 때문이다. 반면 건식사료는 캔사료와 비슷한 양의 육류를 포함하고 있을지라도 수분을 제거했기 때문에 성분표에서 약간 아래쪽에 자리할 수 있다. 일반적으로 한두 개의 육류 성분이 성분표의 가장 위쪽, 혹은 최소한 상위에 있어야 한다. 육류 부산물(골분, 생선 껍질 등 종류가 매우 다양하다.)은 대체로 품질이 낮다.

또한 조단백질과 조지방, 조섬유질과 같은 중요한 성분이 전체의 몇 퍼센트를 차지하고 있는지 확인하도록 하라.(성묘용 사료는 최소한 단백질 26퍼센트, 지방 9퍼센트를 함유하고 있어야 한다. 자묘이거나 임신 또는 수유 중인 암컷용 사료는 단백질이 최소 30퍼센트는 들어 있어야 한다.)

포장지 앞쪽에 씌어진 문구 확인도 중요하다. 만일 어떤 제품이 '닭고기 사료'(chicken cat food)라고 홍보하고 있다면, 성분표에 나열된 해당 성분이 최소한 전체 제품의 95퍼센트 이상은 되어야 한다.(습성 성분이 포함되어 있다면 70퍼센트 이상도 무난하다.) 그러나 만일 95퍼센트 이하라면 이 사료는 '닭고기 성분식'(chicken formula)이나 '닭고기 혼합식'(chicken platter)이라고 부르는 것이 정확하다. '닭고기가 함유된 사료'(cat food with chicken)처럼 '함유'(with)라는 단어를 사용한 사료는 대체로 해당 성분이 3퍼센트 정도밖에 들어 있지 않다.

건식사료(앞면)

최고의 품질

PREMIUM QUALITY

성묘용 캣푸드

냥이 크런치

닭고기 &
쌀 첨가

매우 풍미 좋은
고기맛!

고양이가 아주 좋아합니다!

건식사료(옆면)

성묘의 건강을
위한 균형 잡힌
영양소 함유

❷ AAFCO
기준 충족

재료 : 닭고기 ❸
닭고기 국물, 쌀,
❹ 밀가루, 콩, 당근,
브로콜리, 양배추,
콩, 아마.
가금류 깃털,
❺ 비타민 A, 니코틴산,
비타민 B12

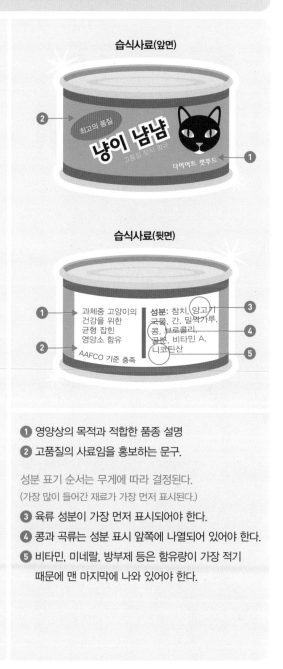

습식사료(앞면)

❷ 최고의 품질
냥이 냠냠
고품질 참치 함유
❶ 다이어트 캣푸드

습식사료(뒷면)

❶ 과체중 고양이의
건강을 위한
균형 잡힌
❷ 영양소 함유
AAFCO 기준 충족

성분: 참치, 양고기 ❸
국물, 간, 밀색가루,
콩, 브로콜리, ❹
골분. 비타민 A,
니코틴산 ❺

❶ 영양상의 목적과 적합한 품종 설명
❷ 고품질의 사료임을 홍보하는 문구.

성분 표기 순서는 무게에 따라 결정된다.
(가장 많이 들어간 재료가 가장 먼저 표시된다.)

❸ 육류 성분이 가장 먼저 표시되어야 한다.
❹ 콩과 곡류는 성분 표시 앞쪽에 나열되어 있어야 한다.
❺ 비타민, 미네랄, 방부제 등은 함유량이 가장 적기
때문에 맨 마지막에 나와 있어야 한다.

먹이 주는
방법과 횟수

보통 '자유급식'은 그다지 현명한 선택이라고 할 수는 없다. 밥그릇을 하루 종일 내놓고 고양이가 알아서 사료를 먹도록 내버려두는 방식은 비만이나 과식 문제를 초래할 수 있다. 고양이는 어릴 적에는 하루 섭취량을 적절히 조절할 수 있지만 나이가 들면 활동량이 줄기 때문이다. 또한 고양이를 여러 마리 키우는 가정에서는 각각의 고양이가 먹이를 얼마나 섭취하는지 정확히 파악하기가 힘들다.

최선의 방법은 먹이 주는 시간을 일정하게 정해놓는 것이다.(날마다 거의 비슷한 시간에 주어야 한다.) 이렇게 하면 사료를 남길까 봐 걱정하지 않아도 된다. 일단 고양이가 이러한 방식을 이해하고 나면 먹이를 주자마자 바닥이 드러날 때까지 재빨리 먹어 치울 테니까 말이다. 성묘의 경우 아침과 저녁, 하루 두 번이면 족하다.(고양이의 사냥 시간대에 맞추기 위해서다.) 그러나 전체 섭취량이 하루

> 💡 전문가의 tip
>
> 사람들의 식사시간에 맞추어 밥을 주면 고양이가 식탁 주위를 돌아다니며 먹이를 구걸하지 않도록 예방할 수 있다.

권장 칼로리를 넘으면 안 된다.

아주 어린 자묘의 경우에는 하루에 서너 번씩 넉넉하게 주는 것이 좋다. 그리고 점차 먹이를 주는 횟수를 줄여나간다. 생후 6개월이 되면 어른 고양이처럼 하루 두 번의 식사에 익숙해지게 될 것이다.

수분 섭취

언제든지 깨끗하고 신선한 물을 마실 수 있도록 준비해두어야 한다. 대체로 고양이는 건식사료의 두 배에 달하는 물을 마신다. 75퍼센트 이상이 수분인 캔사료를 먹는 고양이들은 사료를 통해 하루에 필요한 수분을 거의 모두 섭취하므로, 물을 마신다고 해도 그 양이 매우 적다.

간식

간식은 하루 칼로리 섭취량의 10퍼센트를 넘으면 안 된다. 고양이에게 적절한 간식은 다음과 같다.

- 시중에서 판매하는 저칼로리 고양이용 간식
- 익힌 채소 약간(당근이나 완두콩 등)
- 화분에서 키운 풀. 고양이는 종종 '풀을 뜯어 먹는 것'을 좋아한다.
- 소량의 익힌 쌀이나 파스타
- 소량의 요구르트

다음 음식들은 고양이에게 좋지 않으며, 때로 치명적인 영향을 미칠 수 있다.

- 개 사료 : 개 사료에는 고양이에게 반드시 필요한 필수 영양소가 들어 있지 않다.
- 양파 : 너무 많은 양을 주면 빈혈을 일으킬 수 있다.
- 사람이 먹다 남긴 음식 : 비만과 복통을 야기할 수 있다.

고양이 간식

영양 간식
1. 저칼로리 고양이용 간식
2. 익힌 채소 약간
3. 화분에서 키우는 풀
4. 익힌 쌀이나 파스타
5. 소량의 요구르트

주면 안 되는 음식
1. 개 사료
2. 양파
3. 사람이 먹다 남긴 음식
4. 우유
5. 마카다미아
6. 차, 커피 등 카페인이 함유 된 음식

- 우유 : 고양이는 다른 수많은 포유류 성체와 마찬가지로 대부분 유당을 소화하지 못한다. 우유는 고양이에게 복통과 설사를 일으킬 수 있다.
- 마카다미아 : 견과류의 일종으로, 마카다미아에 함유된 알려지지 않은 독성이 고양이를 고통스럽게 한다.
- 차, 커피 등 카페인이 든 음료나 음식 : 카페인은 고양이에게 매우 위험하므로 피해야 한다.

고양이가 먹이를
먹지 않는 이유

고양이가 먹이에 갑자기 관심을 잃는 이유는 무수히 많다. 그중 가장 흔한 요인으로 식단의 급작스러운 변화, 단조로운 식단으로 인한 지루함, 계절의 변화(고양이는 겨울보다 여름에 먹이 섭취량이 줄곤 한다.), 스트레스, 다른 고양이나 개, 또는 어린아이와의 갈등 등을 꼽을 수 있다.

먹이그릇이 적절치 못한 장소(사람이나 다른 동물들의 통행량이 많은 길목)에 놓여 있을 경우에도 먹이를 거부할 수 있다. 대개는 먹이에 약간의 변화를 주는 것만으로도 문제를 해결할 수 있다. 먹이의 온도를 조금 높이는 것도 좋다. 자연의 포식자인 고양이는 야생에서 방금 죽인 사냥감을 먹기 때문에 따뜻하거나 적어도 상온과 비슷한 온도의 음식을 좋아한다. 때문에 상온에 내놓았다가 방금 딴 캔사료는 좋아하지만 냉장고에서 꺼낸 음식은 코를 돌려버린다.

> ⚠️ **주의**
>
> 고양이가 배가 고플 텐데도 갑자기 먹이를 먹지 않는다면 상태를 주의 깊게 관찰하라. 24시간 동안 계속해서 먹이를 먹지 않으면 즉시 동물병원으로 데리고 가라. 신체에 기능 장애가 일어나면 갑자기 식욕을 잃을 수 있다.

체중 관리

고양이를 일으켜 세워 손가락으로 갈비뼈를 만져보라. 정상적인 고양이라면 얇은 지방질 아래 덮여 있는 갈빗대가 손가락 끝에 느껴질 것이다. 그러나 비만한 고양이는 뼈가 느껴지지 않는다. 그다음으로 고양이의 몸매와 걸음걸이를 점검하라. 비만한 고양이는 복부가 불룩하고 엉덩이, 특히 꼬리가 시작되는 부분이 두툼하며, 목과 가슴에도 살이 붙어 있다. 또한 과체중 고양이는 어기적거리면서 걷는다.

몸무게 재는 법

1. 저울로 자신의 몸무게를 잰다.(그림 1)
2. 고양이를 안고 함께 몸무게를 잰다.(그림 2)
3. 두 번째 몸무게에서 첫 번째 몸무게를 뺀다.(그림 3)
4. 고양이가 안겨 있는 것이 싫어 몸부림을 치면 즉시 중단한다.(그림 4)

몸무게 재는 법

그림 1
자신의 몸무게를 잰다.

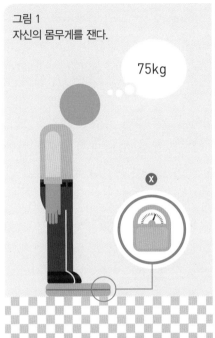

75kg

그림 2
고양이를 안고 함께
몸무게를 잰다.

82kg

그림 3
고양이와 함께 잰 무게 Y – 자신의 몸무게 X

X=나의 몸무게

Y=고양이와 나의 몸무게

X=75

Y=105

105
−75

30kg

그림 4
주의 : 고양이가 몸부림을 치면 즉각 중단할 것.

비만과 식사 조절

비만은 대부분 고양이가 정상적인 활동에 필요한 하루 권장량보다 더 많은 칼로리를 섭취했을 때 발생한다. 집고양이의 약 4분의 1가량이 과체중에 속한다. 사람과 마찬가지로 비만은 고양이에게 관절염, 심장병, 간질환을 초래할 수 있다. 고양이와 오랫동안 행복한 삶을 누리고 싶다면 이상적인 체중에 가깝게 유지하도록 노력하라.

고양이의 식단을 바꿀 경우 사전에 수의사와 상의하여 확실한 계획을 세우는 것이 좋다. 고양이의 몸무게를 줄이는 데는 상당한 시간이 필요하며, 위험 또한 따른다. 어쩌면 특별식이 필요할 수도 있으며, 다른 복잡한 요소들도 고려해야 한다. 고양이의 비만은 당뇨병으로 이어질 수도 있다.

다이어트 프로그램을 실시할 때에는 다음 사항들을 주의하기 바란다.

- 고양이의 하루 식사량을 줄이거나 저칼로리 음식을 주어 칼로리 섭취량을 감소시킬 수 있다. 단, 그전에 반드시 수의사의 승인을 받아야 한다.
- 배가 부르다는 느낌을 받도록 고양이가 물을 많이 마시게 한다.
- 저열량 또는 무열량 섬유질 첨가제를 이용하여 음식량을 늘리면 포만감을 줄 수 있다.
- 수의사가 허락할 경우 고양이의 신체 활동량을 늘려라. 놀이 시간을 좀 더 길게 갖는 것만으로도 충분할 것이다.
- 모든 집안 식구들이 고양이의 다이어트 계획을 숙지하고 이를 지켜야 한다. 단 한 사람이라도 몰래 간식이나 먹을 것을 준다면 아무 효과도 볼 수 없기 때문이다.
- 사료는 반드시 하루 권장량을 초과하지 않도록 정확한 양을 측정한다.
- 고양이를 여러 마리 키우고 있을 경우에는 다이어트 중인 고양이가 다른 고양이의 밥을 빼앗아 먹지 못하도록 서로 다른 장소에서 따로따로 먹이를 주어라. 감시를 받지 않는 다른 고양이들을 위한답시고 먹이를 밥그릇에 남겨두지 말라.

- 지방이 많은 간식을 피하라. 뻥튀기나 완두콩, 당근 같은 저칼로리 간식을 주어라.
- 담당 수의사와 상의해 정기적으로 병원을 방문하여 다이어트 상황을 확인한다.
- 다이어트에 돌입한 고양이가 목표 체중에 이르기까지는 대체로 8~12개월이 필요하다.
- 고양이의 몸에 무리를 주지 않으면서도 최대로 감량할 수 있는 무게는 일주일에 112~225그램 정도다.

저체중 고양이

고양이들은 상당히 까다로운 입맛을 지니고 있기 때문에 가끔 먹이를 거부하곤 하는데, 이는 생각보다 매우 심각한 문제다. 표준체중 이하의 고양이들은 갈비뼈가 손으로 만져질 뿐만 아니라, 육안으로도 그 숫자를 셀 수 있을 정도다. 마른 고양이들은 허리가 비정상적으로 가늘고 늑골의 윤곽이 드러나며, 어깨뼈와 척추까지도 눈으로 확인할 수 있다. 자신의 고양이가 저체중이라고 의심된다면 즉시 수의사에게 보이는 것이 좋다. 불충분한 먹이 섭취량 외에도 암이나 신장병, 갑상선항진증 등 여러 신체적인 문제들이 원인일 수 있다.

사료를 바꿀 경우

사료의 종류를 갑자기 바꾸면 복통이나 낯선 먹이에 대한 거부로 이어질 수 있다. 이를 피하기 위해서는 변화를 천천히 진행해야 한다. 먼저 첫날에는 새 사료를 전체의 4분의 1 정도, 그동안 먹던 사료를 4분의 3 정도 섞어서 준다. 둘째 날에는 두 사료를 거의 비슷한 양으로 섞어 주고, 며칠 뒤에는 예전에 먹던 사료의 양을 전체의 4분의 1로 줄인다. 이런 식으로 진행하면 나중에는 새로운 사료로 완전히 대체할 수 있다.

Chapter 6

외양 관리

고양이의 털

고양이는 품종에 따라 외양을 관리하는 방법이 다르다. 가령 단모종 고양이는 단정한 외모를 유지·관리하기가 상대적으로 용이한 데 비해, 페르시안·히말라얀·메인 쿤 등 털이 긴 품종들은 사람의 개입을(때로는 전문가의 손길도) 필요로 한다. 그러나 털 손질을 제외하면 발톱 깎기에서 목욕에 이르기까지 그 밖의 것들은 종에 상관없이 거의 동일하다. 자신이 어떤 품종을 키우고 있든 고양이가 언제나 최고의 상태를 유지할 수 있도록 정기적인 관리를 해주는 것이 좋다.

대부분의 고양이는 세 가지 종류의 털을 가지고 있다. 가장 바깥쪽에 있는 길고 거친 보호털과 안쪽에 촘촘하게 나 있는 중간 길이의 까끄라기 털, 그리고 부드럽고 짧은 솜털이다. 마지막으로, 매우 특별한 종류의 털이라고 할 수 있는 수염도 빼놓을 수 없다.

모든 고양이가 이 세 가지 종류의 털을 똑같이 활용하는 것은 아니다. 이를테면 앙고라는 매우 긴 보호털과 솜털을 갖고 있지만 까끄라기 털은 거의 없다. 고양이의 모피는 추위와 열로부터 몸을 보호할 뿐만 아니라, 감정 표현과 방어 수단으로도 이용된다. 가령 고양이는 적과 대치하는 상황에서 더욱 위협적으로 보이고 싶으면 꼬리와 등허리의 털을 빳빳하게 세워 자신의 몸집이 더 커

보이게 부풀린다.

이 세 가지 종류의 털 조합은 품종마다 다양하지만, 대체로 크게 두 부류로 구분할 수 있다. 바로 장모종과 단모종이다. 유전적으로 우성인 단모종이 장모종보다 흔하게 나타난다.(자연 상태에서는 유지 및 손질이 상대적으로 덜 필요한 단모 쪽이 생존에 더욱 유리하다.)

고양이는 대개 정기적으로 털갈이를 한다. 낮이 길어지고 겨울이 지나 봄이 올 때쯤이면 털이 급격히 빠지기 시작할 것이다. 실내 고양이는 털이 빠지는 양이 보다 적지만 대신 일 년 내내 털을 날린다. 스트레스와 질병으로 털 빠짐이 심해질 수 있으며, 새끼를 낳은 지 얼마 안 되는 암컷은 역시 평소보다 더 많은 털이 빠질 수 있다.

그루밍(털 손질)

털 손질을 정기적으로 해주면 집 안에 고양이 털이 날리는 것을 최소화할 수 있고, 고양이를 더욱 단정하고 매력적으로 만들어주며, 헤어볼 문제를 완화하거나 예방할 수도 있다.(167쪽 '헤어볼' 참조)

대부분의 고양이는 털 손질을 해주는 주인의 도움을 기꺼이 받아들이거나 좋아한다. 고양이 세계에서 서로 그루밍을 해주는 행위는 관계를 돈독히 하는 수단이자 긴장을 해소하고 편안함을 만끽할 수 있는 기회이다. 고양이가 사람의 개입을 편안하게 받아들이게 하기 위해서는 자묘일 때부터 털 손질을 시작해 어린 시절부터 익숙해지도록 해야 한다.

💡 전문가의 tip

그루밍은 고양이에게 피부병이나 두드러기, 혹, 진드기, 벼룩, 그 밖에 수의사에게 보여야 할 문제가 있는지 확인할 수 있는 좋은 기회다.

그루밍 도구

다음 도구들은 고양이의 외양을 단정하게 관리하는 데 도움이 된다.

브러시 피부를 자극하지 않고도 엉킨 털을 풀 수 있는 부드러운 철사로 된 브러시나 솔 브러시가 가장 좋다.

빗 주로 쇠로 만들어져 있으며, 이가 성긴 것과 빽빽한 것 두 가지 종류가 있다. 특히 장모종의 털을 손질하는 데 매우 유용하다.

말빗 대개 고무로 만들어져 있으며, 단모종의 빠진 털을 제거하는 데 사용한다.

그루밍 장갑 털을 그러모을 수 있도록 표면이 작은 돌기로 덮여 있다. 얼굴 털을 손질하는 데 특히 유용하며, 브러시를 싫어하는 고양이에게도 적합하다.

발톱깎이 고양이를 위해 특별히 고안된 발톱깎이를 사용한다.

가위 심하게 뒤엉켜 도저히 풀 수 없는 털을 자를 때 사용한다.

실밥따개 바느질 도구이지만 엉킨 털을 푸는 데 매우 유용하다.

분말형 지혈제 고양이의 발톱을 깎다가 피가 날 경우 재빨리 지혈할 수 있다.(고양이용품점에서 구입 가능하다.)

칫솔 장모종 고양이의 얼굴 털을 손질하는 데 무척 유용하며, 품종을 막론하고 모든 종의 치아 위생 관리에 사용한다.(물론 용도에 따라 다른 칫솔을 이용해야 한다.)

섀미 천 털 손질 마무리 단계에서 단모종의 털을 윤기 있게 정돈할 때 사용한다.

전문 미용사
선택하기

단모종을 키우는 주인들은 대부분 털 손질을 혼자서 해결하지만, 장모종은 정기적으로 전문가의 손길을 필요로 한다. 많은 수의사들이 전문 미용사를 추천해주며, 어떤 동물병원은 미용사를 직원으로 두기도 한다. 또한 친구나 명망 있는 전문 브리더, 지역의 고양이 커뮤니티가 추천하는 미용사를 찾아가는 방법도 있다.

만일 자신이 키우는 고양이가 특별한 도움을 필요로 한다면(가령 나이가 많거나 낯선 이를 싫어할 경우) 미용사가 그 고양이를 다룰 만한 능력이 되는지 확인하도록 하라. 예약을 하지 않은 채 미용실을 방문해 실력을 확인한다. 시설은 깨끗한지, 모든 것이 깔끔하게 정돈되어 있는지, 고양이와 개가 격리되어 있는지 등도 확인하라. 비용은 고양이의 털 상태와 미용 수준에 따라 다르다.

⚠ 주의

고양이를 미용사에게 데려가기 전에 모든 예방접종을 해야 한다.

그루밍 방법

고양이의 털을 손질하는 방법은 장모종인지 단모종인지에 따라 다르다.

장모종

장모종은 대개 날마다 15~30분 정도 털 관리를 받아야 한다. 그러지 않으면 털 엉킴 때문에 매우 심각하고 고통스러운 상태에 이를 수 있다.(153쪽 '엉킨 털 제거하기' 참조)

1. 먼저 양날 빗의 성긴 쪽을 사용하여 털을 빗겨준다. 이 작업이 다 끝나면 빗을 반대 방향으로 돌려 촘촘한 쪽으로 다시 반복한다.
2. 철사 브러시로 빠진 털을 제거한다. 특히 엉덩이 부분에서 많이 나올 것이다.
3. 풍성해 보이게 하기 위해 가늘고 촘촘한 빗으로 털을 몸통의 반대쪽으로 빗는다.(꼬리에서 머리 쪽으로)
4. 칫솔로 얼굴 털을 손질한다. 하지만 눈 가까이에 너무 접근하지 않도록

그루밍 순서

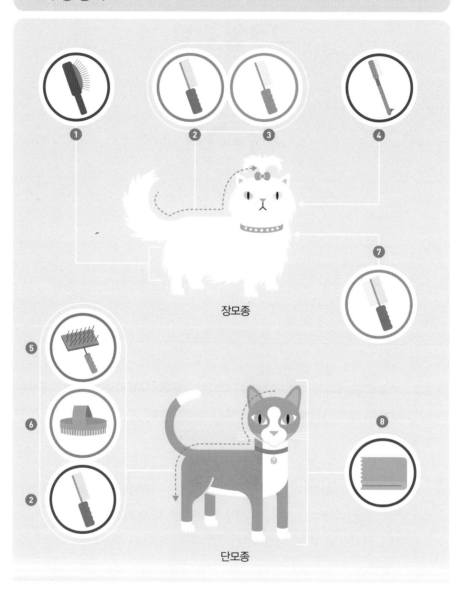

장모종

단모종

❶ 철사 브러시 ❷ 촘촘한 빗 ❸ 성긴 빗 ❹ 칫솔

❺ 솔 브러시 ❻ 말빗 ❼ 양날 빗 ❽ 섀미 천

주의해야 한다.

5. 털이 일어서도록 성긴 빗으로 꼬리에서 머리 쪽으로 빗질한다.

단모종

털이 짧은 단모종 고양이는 일주일에 한두 번 정도의 손질로도 충분하다.

1. 머리에서 꼬리까지 가늘고 촘촘한 쇠빗으로 죽 훑는다.
2. 고무 말빗이나 부드러운 자연솔 브러시로 머리에서 꼬리까지 죽 훑는다.
3. 섀미 천으로 문질러 털에 윤기를 준다.

엉킨 털 제거하기

죽어서 빠진 털이 빠른 속도로 자라난 새 털에 달라붙어 매듭처럼 뭉쳐 있을 수 있다. 이러한 털 엉킴은 대개 피부 바로 위쪽에 생기기 때문에 고양이에게 매우 고통스러울 수 있다. 제거 방법은 먼저 (가능하다면) 새 털이 뽑힐 경우를 대비해 엉킨 털과 피부 사이에 빗을 끼워 넣어 안전막을 친다. 그런 다음 실밥 따개로 죽은 털이 빠져나올 때까지 바깥쪽에서부터 안쪽을 향해 천천히 풀어 나간다. 엉킨 털을 완전히 제거하기 어려우면 가위로 남은 털을 잘라버려라.(털과 피부 사이에 빗을 끼워 넣으면 고양이가 놀라 가위에 베이거나 찔리는 것을 방지할 수 있다.)

> ⚠ 주의
>
> 털 엉킴 현상이 심각할 경우, 부분적으로 또는 완전히 털을 제거해야 할 수도 있다. 하지만 이는 유능한 전문 미용사만이 할 수 있는 일이다. 만약 고양이가 미용사에게 격렬하게 저항한다면 털을 깎기 위해 수의사가 마취를 해야 할 수도 있다.

목욕

목욕을 거의 할 필요가 없는 고양이도 있긴 하지만, 장모종이나 나이가 많은 고양이, 질병이나 장애가 있는 고양이들은 몸을 청결하게 유지하기 위해 사람의 도움이 필요하다. 목욕을 시킬 때에는 반드시 고양이 전용 샴푸와 컨디셔너를 사용하라. 우리가 쓰는 일반 제품은 고양이에게 너무 독하다.

1. 커다란 싱크대 바닥에 고무 매트를 깐다. 고무 매트를 깔면 고양이가 미끄러지지 않고 똑바로 설 수 있다.(그림 1)
2. 필요한 물품들을 챙긴다.(그림 2) 목욕을 시키기 전에 털에 빗질을 하여 빠진 털을 제거하고, 엉킨 털은 풀거나 잘라낸다.
3. 눈에 비눗물이 들어가지 않도록 양쪽 눈 가장자리에 미네랄 오일을 한 방울씩 떨어뜨린다.(그림 3)
4. 싱크대에 미지근한 물을 채운다. 물의 온도는 약 38.5도, 즉 고양이의

> ⚠ 주의
>
> 털이 완전히 마를 때까지 고양이를 따뜻한 장소에 있게 한다.

평균 체온 정도가 적당하다.

5. 고양이를 굳게 붙들고 털이 흠뻑 젖도록 어깨까지 물에 담근다. 두려워 하지 않게 고양이를 안심시킨다. 만일 고양이가 공황 상태에 빠지거나 극도의 불쾌감을 표시하면 그 즉시 목욕을 중단한다.

6. 싱크대를 비운다. 젖은 수건에 샴푸를 약간 묻혀 고양이의 얼굴을 닦는 다. 눈, 귀, 입 부분은 피해야 한다. 그런 다음 다시 젖은 수건을 이용해 비눗기를 닦아낸다. 고양이의 머리에 물을 뿌리거나 부으면 안 된다.

7. 고양이의 몸에 고양이용 샴푸를 골고루 발라 문지른다.(그림 4) 부드럽 고 조심스럽게 다뤄야 한다. 꼬리와 항문도 잊지 말라.

8. 싱크대에 다시 미지근한 물을 채우고 거품을 씻어낸다. 비눗기를 깨끗 이 제거하려면 싱크대의 물을 여러 번 갈아줘야 한다.(그림 5) 어떤 고 양이들은 샤워기나 수도꼭지 아래 서 있는 것을 좋아할지도 모르지만, 고양이의 머리에 물을 직접 붓거나 샤워기로 뿌리지는 말라.

혹시 비눗기를 깨끗이 씻어내지 못하겠다면 물 1.8리터당 반 컵(118 밀리리터) 정도의 식초를 푼 다음 고양이의 몸을 적신다. 남은 비눗기를 완전히 제거할 수 있다. 단, 깨끗한 물로 다시 한번 씻어야 한다.

9. 털의 물기를 제거하고 고양이를 바닥이나 작업대에 내려놓는다. 단모 종 고양이는 수건으로 잘 닦은 다음 따뜻한 방에서 시간을 보내는 것만 으로도 충분하다. 장모종은 빗질이 필요하며, 경우에 따라 드라이어로 말려주어야 할 수도 있다.(그림 6)

💡 전문가의 tip

헤어드라이어로 고양이의 몸을 말릴 때는 가장 낮은 단계를 이용한다. 몸통에서부터 시 작하되 털 결의 반대쪽으로 바람을 불어 보낸다. 몸통 부분이 마르면 다리와 목 부위로 옮겨 간다. 털이 돌돌 말리는 것을 막기 위해서 각 부위가 완전히 말랐는지 확인하라. 꼬 리, 배, 뒷다리는 가장 마지막에 말리는 것이 좋다. 이 부위에 뜨거운 바람이 닿으면 고양 이가 화를 내기 때문이다. 만일 고양이가 짜증을 내며 거세게 저항하면 즉시 드라이어 사 용을 중단하라.

목욕 순서

스스로 몸을 청결하게 유지할 수 있는 고양이도 있지만,

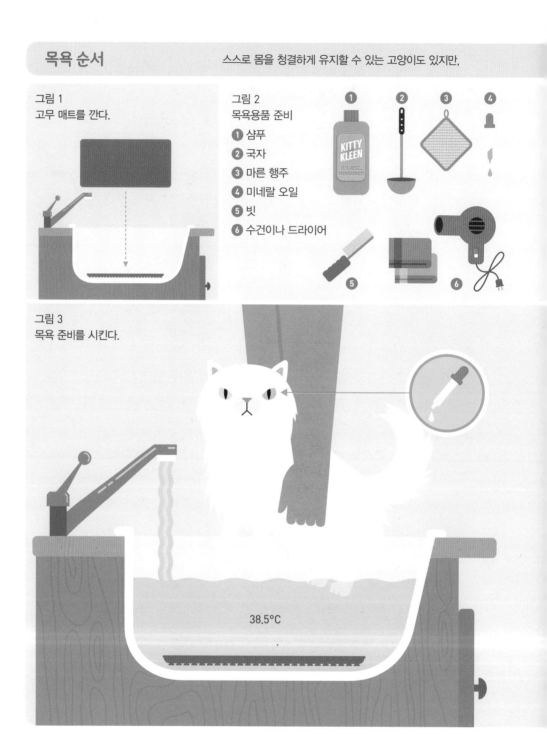

그림 1
고무 매트를 깐다.

그림 2
목욕용품 준비

1 샴푸
2 국자
3 마른 행주
4 미네랄 오일
5 빗
6 수건이나 드라이어

그림 3
목욕 준비를 시킨다.

38.5°C

장모종이나 몸이 불편한 고양이는 목욕을 시켜주어야 한다.

그림 4
고양이 전용 샴푸로 씻긴다.

그림 5
조심스럽게 샴푸를 씻어낸다.

그림 6
골고루 말려준다.

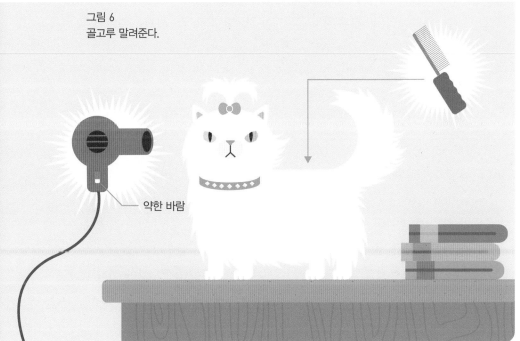

약한 바람

부위별
관리 방법

발톱

고양이가 실내에서 지낼 경우 발톱이 너무 길게 자랄 수 있으므로, 정기적으로 발톱을 잘라주어야 한다.(이렇게 하면 고양이가 가구를 망가뜨릴 위험을 어느 정도는 줄일 수 있다.)

1. 고양이 전용 미용 세트를 구매한다.
2. 고양이를 무릎 위에 앉히고 꼭 붙들거나 누군가를 불러 도와달라고 부탁한다.
3. 고양이의 앞발을 잡고 발가락 끝을 누르면 저절로 발톱이 튀어나온다.
4. 날카로운 끝 부분을 잘라준다. 대다수의 고양이는 이 정도로 충분하다. 발톱 밑동 근처의 분홍색 부위(생살)를 자르지 않도록 주의하라. 혈관과 말초신경이 지나가는 부위이기 때문이다. 만일 실수로 이곳을 자르면 분말형 지혈제로 피를 멈춰라.(지혈제는 시중에서 쉽게 구할 수 있다.)

발톱 제거

고양이는 본래 기본적인 외양이 매우 우아하기 때문에 주인들이 거기에 변형을 가하고자 하는 유혹을 느끼는 법이 거의 없다. 그러나 한 가지 예외가 있다면 '발톱 제거' 또는 '발톱 절제술'이라고 부르는 것이다. 이는 고양이가 집 안 가구를 발톱으로 긁어 흠집을 내거나 망가뜨리지 못하도록 고양이의 앞발톱을 제거하는 시술로, 사람의 손가락 끝을 절단하는 것과 거의 비슷하다고 보면 된다. 이 수술은 성묘들에게 상당히 오랫동안 매우 가혹하고 견디기 힘든 고통을 줄 수 있다.

발톱 제거는 미국에서는 꽤 흔한 시술이지만, 영국·독일·프랑스에서는 동물학대로 간주되는 불법 행위다. 따라서 이 시술은 고양이의 지나친 스크래칭을 막을 다른 모든 방안(지속적인 발톱 다듬기, 행동 교정, 발톱에 캡 씌우기 등)을 강구하고도 아무런 효과를 보지 못하고, 수술을 할 것인가 아니면 고양이 키우기를 포기하고 동물보호소에 가져다줄 것인가라는 선택의 기로에 섰을 때에만 최후의 방법으로 고려해야 한다.

발톱 다듬기
❶ 고양이를 무릎 위에 앉힌다.
❷ 발톱의 날카로운 끝 부분을 자른다.
❸ 신경이 살아 있는 분홍색 부위에 주의한다.

귀

귀에서 불쾌한 냄새가 나거나 붉은 반점 또는 염증이 있지는 않은지 주기적으로 수의사의 검진을 받아야 한다. 만약 고양이가 지나치게 자주 귀를 긁는다면 전문가의 도움을 받아야 할 것이다. 고양이의 귀를 씻어줄 때에는 코튼볼에 물을 묻혀 사용한다. 반드시 보이는 곳까지만 닦고, 귓구멍 안쪽까지 이물질을 집어넣어서는 안 된다. 수의사의 지시에 따르는 것이 아니라면 면봉을 사용해서도 안 된다.

눈

건강한 고양이의 눈은 언제나 밝게 빛나며, 변색이나 반점 등이 없다. 얼굴 털이 긴 품종들은 털이 눈을 찔러 각막에 상처를 입을 수 있으니 각별히 주의하고, 전문 미용사를 찾아가 얼굴 털을 늘 깨끗하고 단정하게 다듬어두도록 한다. 절대로 혼자서 얼굴 털을 자르려고 시도하지 말라. 자칫 잘못하다가 가위로 눈을 찌를 수도 있다. 눈에 눈곱이 끼면 따뜻한 천이나 시중에서 판매하는 눈물얼룩 지우개로 닦아내라. 문제가 지속되거나(특히 페르시안과 히말라얀에게서 자주 나타난다.), 눈물이나 눈곱이 지나치게 많이 나오거나, 그 때문에 털이 변색된다면 수의사와 상의하라.

이빨

고양이는 치석과 치은염이 생기기 쉽다. 이처럼 고양이에게 흔히 나타나는 증상은 집에서 간단히 이빨을 점검해 비교적 초기에 발견할 수 있다. 치아가 변색되거나 치석이 끼지는 않았는지, 깨지거나 상한 치아는 없는지, 치아가 마모된 흔적은 없는지 살펴보라. 잇몸에 염증이 생기거나 변색의 기미가 있는지도 꼼꼼히 살펴보아야 한다. 단, 입 안을 살펴보는 것은 매우 위험할 수도 있음을 명심하라. 치아에 오랫동안 문제가 발생하면 고양이의 내부 장기나 면역체계에도 이상이 생길 수 있다. 정기적으로 이빨을 닦아주려면 힘들고 조금 귀찮기도

하겠지만 이 같은 구강 문제를 미리 방지할 수 있다.

> 💡 **전문가의 tip**
>
> 건식사료는 치석 예방에 도움이 된다.

이빨 닦는 법

아주 어릴 때부터 이빨 닦는 일에 익숙해져 있다면 고양이에게 양치를 해주는 일은 그리 어렵지 않다. 하지만 그렇지 않은 경우에는 고양이에게 이빨 닦기를 습관화시켜야 한다. 놀이 시간이나 털 손질 시 고양이가 기분이 좋은 상태에 있을 때 재빨리 코를 문질러준다. 여기에 익숙해지면 잇몸과 이빨을 조심스럽게 문질러준다. 그리고 마침내 고양이가 무언가가 입속에 들어오는 것을 아무렇지도 않게 생각할 즈음이 되면 이빨을 닦을 수 있게 될 것이다. 수의사들은 대체로 일주일에 두세 번가량 양치질을 해줄 것을 권한다.

1. 부드러운 칫솔(칫솔은 잇몸에 닿는 유일한 도구이기도 하다.)과 고양이용 치약을 준비한다. 사람이 사용하는 제품(특히 베이킹소다가 들어간)은 고양이에게 소화불량을 일으킬 수 있다.

2. 치약 맛을 알아둔다. 고양이용 치약은 대부분 고양이가 좋아하는 향이 들어 있다. 고양이가 익숙해질 때까지 날마다 반복한다.

3. 치약을 묻혀 잇몸을 따라 문지른다. 고양이가 익숙해질 때까지 이 과정을 날마다 반복한다.

4. 칫솔에 치약을 묻혀 이빨을 닦는다. 특히 이빨과 잇몸 사이를 중점적으

로 닦고, 뒤쪽에서부터 앞쪽으로 칫솔질한다. 대략 30초 안에 이빨 전체를 모두 닦아야 한다. 그렇다고 처음부터 이빨 전체를 닦으려고 하지 말라. 30초 전이라도 고양이가 힘들어하면 칫솔질을 그만하는 것이 좋다. 30초 안에 모든 이빨을 다 닦을 수 있을 때까지 양치질 시간을 점차 늘려나간다.

💡 전문가의 tip

밥을 먹거나 간식을 먹기 전에 이빨을 닦아주면 고양이가 양치질을 긍정적인 경험으로 인식하게끔 할 수 있다.

털에 묻은
이물질 제거 방법

고양이 털에 알 수 없는 물질이 붙어 있으면 발견 즉시 제거하라. 고양이가 핥아 먹어 기능 장애로 이어질 수 있다.

가시가 돋친 식물 쇠빗으로 조심해서 떼어낸다. 털 깊숙이 엉겨 붙어 있다면 해당 부위에 식물성 오일을 발라 떼어낸다. 이 방법들이 모두 실패하면 가위로 털을 잘라낸다.

껌 얼음조각으로 문질러 굳힌 다음 가위로 잘라낸다. 털을 자르지 않고도 껌을 제거하는 약품을 구매해 사용할 수도 있다.

⚠ 주의

절대로 시너나 테레빈유, 가솔린 등의 용매제를 사용하지 말라.

페인트 수성 페인트는 이물질이 묻은 부위를 5분 이상 물에 적신 다음, 손가락으로 문질러 색을 지운다. 유성 페인트의 경우에는 털을 깎고 잘라내야 한다.

타르 타르가 묻으면 털을 잘라내야 하는 경우가 대부분이다. 때로는 페트롤리움 젤리(바셀린)가 효과가 있을 수도 있다. 문제 부위에 바셀린을 약간 문지른 뒤 깨끗한 천으로 닦아낸다. 이 과정을 최대한 여러 번 반복한다. 그런 다음 고양이를 기름 제거 샴푸로 목욕시킨다.

스컹크 분비물 고양이가 스컹크의 분비물을 뒤집어썼을 경우에는 토마토 주스에 목욕시켜 냄새를 제거할 수 있다. 고양이를 토마토 주스를 가득 채운 대야에 집어넣고 털이 주스에 푹 젖을 때까지 기다렸다가 주스를 씻어낸다. 이 과정을 반복한다. 냄새를 완전히 제거하려면 수차례(또는 며칠 동안) 목욕을 시켜야 할 것이다.

집 안에 고양이 털이
많이 날릴 때

집 안 물건이 털투성이가 되고 곳곳에 고양이 털이 날리는 것은 단순히 미관상의 이유를 넘어 심각한 문제가 될 수 있다. 고양이 털은 고양이의 타액에 들어 있는 강력한 알레르겐 물질로 뒤덮여 있어(그리고 이는 몸단장을 할 때마다 축적된다.), 알레르기와 천식을 일으킬 수 있기 때문이다. 고양이 털이 미치는 부작용을 최소화하려면 무엇보다 그 원인을 제거해야 한다. 정기적으로 털 손질을 해주는 것이다. 그럼에도 고양이 털이 날려 곤욕스럽다면 여기 몇 가지 해결책을 소개한다.

- 전문 미용사들은 털이 지나치게 빠지는 것을 막으려면 몇 주일 동안 평소보다 자주 빗질과 목욕을 하라고 권고한다.
- 벽 모서리에 셀프 그루머 같은 도구를 부착해둔다. 고양이의 키 높이에 맞춰 붙여놓으면 고양이가 스스로 몸을 비벼대기 때문에 몸에 붙어 있던 죽은 털을 손쉽게 제거할 수 있다.
- 고양이가 소파의 특정한 자리나 의자를 좋아한다면 그 자리에 천을 깔아두라. 그리고 그 천은 절대 다른 옷들과 함께 빨지 말라. 모든 옷이 털투성

이가 될 것이다.

- 러그나 카펫, 가구 커버에 찰싹 달라붙어 떼어내기 힘든 털은 젖은 수건으로 따로 닦아낸다. 젖은 수건으로 닦으면 털이 공 모양으로 뭉쳐져 제거하기 쉽다.
- 정전기 방지용 의류 스프레이도 고양이 털을 제거하는 데 도움이 된다.
- 고양이 털이 묻은 옷을 건조기에 넣을 때에는 종이 섬유유연제 몇 장을 함께 넣는다. 건조 과정에서 저절로 그 종이에 고양이 털이 달라붙는다.
- 종이 섬유유연제를 옷에 문지르면 고양이 털이 묻어 나온다.

헤어볼

고양이는 몸단장 도중 빠진 털을 상당량 삼킨다. 이는 대개 배설물로 배출되는데, 만일 짧은 시간 동안 너무 많은 털을 먹게 되면 입으로 토해내기도 한다. 이를 '헤어볼'이라고 한다. 특히 헤어볼로 가장 심한 고통을 받는 것은 두말할 필요 없이 털이 가장 많은 장모종이지만, 장모·단모 할 것 없이 모든 종류의 고양이들이 가끔씩 헤어볼을 게워낸다. 이 골치 아픈 문제를 해결하는 (또는 최소화하는) 가장 좋은 방법은 털 손질을 자주 해주는 것이다. 죽은 털을 많이 골라낼수록 고양이가 삼키는 털이 양이 줄어들기 때문이다. 페트롤리움을 주성분으로 한 과자나 페이스트 형태의 제품들이 많은데, 가벼운 설사제 효과를 일으켜 헤어볼이 위장 밖으로 손쉽게 미끄러져 나오도록 도와준다.

> **⚠ 주의**
>
> 만약 고양이가 헤어볼을 토하려고 계속 구역질을 하는데도 아무것도 나오지 않는다면 (또한 그 과정에서 변비나 식욕감퇴를 보인다면) 위나 장에 많은 양의 털이 고여 있을 수 있으며, 생명을 위협하는 심각한 상황으로 이어질 수도 있다. 즉시 수의사와 상의하기 바란다.

헤어볼

 주의 : 모든 고양이는 정기적으로 헤어볼을 토한다.

헤어볼

❶ 몸단장을 할 때 삼킨 털이 뭉쳐서 만들어진다.

❷ 특수한 사료를 먹여 해결할 수도 있다.

❸ 주기적으로 털을 빗어줌으로써 해결할 수도 있다.

❹❺ 배설물이나 구토로 배출한다.

경고 : 헤어볼이 고양이의 위나 장 속에 과다하게 쌓이면 생명을 위협할 정도로 심각한 기능 장애가 일어날 수 있다.

Chapter 7

성장과 성숙

고양이의
성장 단계

처음에는 무력하고 의존적이었던 새끼 고양이들은 하루가 멀다 하고 성숙한 어른 고양이로 쑥쑥 성장하게 된다. 여기에서는 이 놀라운 과정에 대해 간단히 살펴보기로 한다.

출생~8주

새끼 고양이의 약 3분의 2가 머리부터 먼저 태어나고, 나머지 3분의 1은 꼬리부터 태어난다. 막 세상에 나온 새끼들은 앞을 볼 수 없고, 귀도 들리지 않으며, 걸을 수도 없다. 체중은 110그램 정도에 불과하다. 출생 후 약 10~12일 정도가 지나면 눈을 뜨게 되며, 청력은 14~17일 사이에 발달하기 시작한다. 16~29일이 되면 기어다닐 수 있고, 22~25일이 되면 걸을 수 있다. 출생 후 약 4~5주가량이 지나면 자유롭게 뛰어다닐 수 있다. 3~4주부터는 고형식을 섭취할 수 있다.

주요 발달 사항 배변 훈련은 출생 후 3~4주째에 시작된다. 정상적인 환경에서는 어미 고양이의 교육을 통해 이루어지는데, 주인은 깨끗하고 새끼 고양이들이 쉽게 접근할 수 있는 작은 평판형 화장실을 마련해두고 훈련이 '완성'되는 과정을 지켜보기만 하면 된다. 새끼 고양이들은 4~5주가 되면 스스로 몸단장을 시작하고, 한배 형제들과 뒹굴며 장난을 친다. 6~8주가 되면 사냥 기술을 익힐 수 있다. 이와 같은 훈련들은 사람의 개입 없이도 저절로 이루어진다.

이때는 고양이의 사회화에 있어서도 매우 중요한 시기다. 출생 후 약 14일가량부터 부드럽고 조심스럽게 새끼 고양이를 손으로 만져주면 고양이가 사람에게 쉽게 익숙해진다. 그러나 이 시기 동안 새끼는 언제나 어미와 형제들과 함께 있어야 한다. 오직 이들만이 고양이 특유의 습성을 익히게끔 도와줄 수 있기 때문이다.

> ⚠ 주의
>
> 어미 고양이는 가끔 자식들의 뒷목을 물어서 나르곤 한다. 그렇다고 어미의 행동을 흉내 내려고 하지 말라. 자칫하다간 새끼 고양이를 다치게 할 수 있다.

8주~15주

태어난 지 8주가 되면 새끼 고양이들은 완전히 젖을 떼고 묽은 죽이나 이유식(물에 불린 건식사료)을 조금씩 먹기 시작한다. 이후 점차 먹이의 수분 함량을 줄이고, 고형식을 늘려간다. 8주차가 되면 유치 즉 젖니가 모두 제자리를 찾게 된다. 10주 정도가 되면 수컷이 암컷보다 몸무게가 늘어나기 시작하며, 12주가 되면 눈 색깔이 변화하여(새끼 고양이들은 눈이 모두 푸른색이다.) 성묘가 되어서도 그 색깔을 유지한다. 태어난 지 9주에 이르면 동물병원에서 신체검사와 대변 검사, 예방접종을 받아야 한다. 8~10주쯤 고형식을 완전히 섭취할 수 있게 되면 어미의 품을 떠나 새로운 집으로 입양될 수 있다. 이러한 점진적인 변화는 사람의 개입이 없어도 저절로 이루어진다.

주요 발달 사항 형제들과 함께 노는 상호작용을 통해 새끼 고양이는 발톱을 집어넣는 법과 너무 세게 깨물지 않는 법을 배우게 된다.

> ⚠ **주의**
>
> 동물병원에 갈 때가 아니라면 예방주사를 맞지 않은 새끼 고양이를 집 밖으로 데리고 나가지 말라.

15주~성묘

생후 12~18주 사이에 영구치가 나기 시작한다. 암컷의 중성화 수술은 16주경부터 할 수 있다. 수컷 역시 16주가 되면 중성화가 가능하다. 암컷은 12개월이 되었을 때 성묘 수준의 몸무게에 이르는 데 반해 수컷은 15개월까지 계속해서 성장한다.

주요 발달 사항 생후 6개월쯤이 되면 어미로부터 완전하게 독립할 수 있다.(물론 다른 집에 입양되지 않았다면 말이다.)

고양이의
나이 계산법

고양이는 출생 후 첫 2년 동안 빠른 속도로 성장한다. 생후 1년이 된 고양이는 사람의 나이로 15세에 해당하며, 두 살짜리 고양이는 24세의 사람과 같다. 그 뒤부터는 사람의 1년을 '고양이 나이' 4년으로 계산한다. 즉 다섯 살짜리 고양이는 고양이 나이로 36세가 되는 셈이다. 대체로 야외에서 생활하는 고양이는 실내에서 생활하는 고양이보다 두 배 이상 빨리 늙는다.

새끼 고양이의
식단

새끼 고양이는 엄청난 양의 에너지를 필요로 한다. 특히 젖을 떼고 난 뒤에는 질 높은 식단을 먹어야 한다. 자묘용 사료는 단백질 약 35퍼센트, 지방 12~24퍼센트를 함유하고 있고, 열량 또한 성묘용보다 4분의 1 정도 높다. 먹이는 하루에 여러 번 주거나, 자유롭게 먹을 수 있도록 새끼가 머무는 영역 내에 항상 준비해놓는다.(새끼 고양이가 비만이 될 확률은 적다.) 보조 캔사료도 하루에 한두 번 정도 별도로 주어야 한다.

다양한 제품을 먹어본 새끼 고양이는 입맛이 덜 까다롭고 무난해지지만, 사료를 지나치게 다양한 종류로 주면 오히려 복통을 유발할 수도 있다. 생후 9개월까지 또는 체중이 성묘의 80~90퍼센트에 이르게 될 때까지는 항상 같은 브랜드의 먹이를 주어라.(수의사와 상의하는 것이 좋다.) 그런 다음 성묘용 사료로

> ⚠ 주의
>
> 새끼 고양이는 영양학적으로 적합한 식단을 필요로 하기 때문에 자연식을 주는 것은 그다지 실용적이라 할 수 없다. 영양소가 하나라도 약간 결핍되면 치명적인 결과를 가져올 수 있기 때문이다. 가령 타우린 결핍은 실명을 야기한다.

천천히 바꿔나간다.(143쪽 '사료를 바꿀 경우' 참조) 수의사와 상의 없이 새끼 고양이에게 비타민이나 다른 보조제를 먹이면 안 된다. 또한 언제나 신선한 물을 마실 수 있도록 물그릇을 마련해준다.

성적 성숙

일반적으로 수컷은 생후 14개월, 암컷은 7~12개월이면 성적으로 완전히 성숙하게 된다. 중성화 수술을 하지 않은 암컷은 대개 1년에 서너 번 발정기가 오는데, 이 기간 동안에는 수컷을 받아들여 임신이 가능하다. 발정기에 이른 암컷은 높고 시끄러운 울음소리로 수컷을 받아들일 준비가 되었음을 알린다. 어떤 암컷들은 아예 울지 않는 대신 주인에게 보다 살갑게 굴고 사교적이 되며, 투정을 부리고 요구가 많아지는 경우도 있다.

발정기를 맞은 암컷은 그 기간 동안 가둬놓거나 행동을 엄격하게 감시해야 한다. 한동안 근방에 살고 있는 많은 수컷 고양이들의 관심을 끌게 될 것이기 때문이다. 안전하지 않은 장소에 암고양이를 홀로 내버려두면 안 된다. 이를테면 현관문은 열려 있고 방충문만 닫혀 있을 경우, 열정적이고 확고한 의지를 지닌 수컷들을 막기에는 역부족일 수 있다.

수고양이에게는 발정기가 없다. 수컷들은 1년 내내 교미가 가능하기 때문에 자신을 받아들일 수 있는 암컷을 만나면 즉시 행동에 들어간다. 수컷의 성적 성숙도는 끊임없는 배회와 영역 표시로 발현된다.(다음 '중성화 수술' 참조)

중성화 수술

미국의 경우, 원치 않은 임신으로 인해 태어난 새끼들은 고양이 개체 수를 지나치게 늘리는 주요 원인이다. 감시를 소홀히 할 경우 고양이는 짧은 기간 동안 놀랍도록 많은 자손을 재생산할 수 있기 때문이다.

당신이 키우는 고양이의 자손을 특별히 번식시킬 생각이 아니라면(가치가 높은 순종이 아니라면 그리 권장하고 싶은 사항은 아니다.) 성적으로 성숙해지기 전에 미리 예방 조치를 취하는 것이 최선이다. 수컷은 고환을 제거하고 암컷은 난소를 제거한다. 중성화 수술을 하지 않을 경우, 수고양이는 소변으로 영역을 표시하고 다른 수컷 고양이들과 영역 다툼을 벌이고 발정기를 맞은 암컷을 찾아 무모하게 어슬렁거리는 등의 특유한 행동으로 도저히 참지 못할 만큼 문제를 일으킬 수도 있다. 중성화는 고환 때문에 발생하는 이런 행동들을 멈추게 한다. 또한 중성화된 수컷은 생식기 관련 질병에 걸릴 확률이 훨씬 낮다.

암고양이 역시 사춘기 전에 중성화 수술을 함으로써 암컷에게서 가장 흔히 나타나는 질병 중 하나인 자궁암과 난소암을 예방할 수 있다. 또한 중성화 수술을 하면 발정기가 오지 않는다.(당신이 키우는 고양이가 1년에 서너 번씩 2주일 동안 집 안을 어지럽히고, 높고 커다란 목소리로 끊임없이 울부짖는다고 상상해보라.)

중성화 수술로 줄어드는 문제

수컷

1. 영역 표시
2. 다른 수컷과의 다툼
3. 암컷을 찾아 배회하는 습관

암컷

4. 집 안 어지럽히기
5. 울부짖음
6. 원치 않는 새끼
7. 자궁암
8. 난소암

Chapter 8

건강관리와 검진

동물병원 선택 시
주의 사항

고양이의 건강을 위해 집에서 쉽게 할 수 있는 점검 방법, 자신이 사는 지역에 있는 좋은 동물병원을 선택하는 법 등에 대해 알아보자.

고양이를 새로 입양한 주인에게 무엇보다 가장 중요한 일은 좋은 동물병원을 찾는 것이다. 가장 이상적인 곳은 자신의 고양이에게 평생 동안 도움을 제공할 수 있는 곳이다. 또한 수의사는 장기적인 치료를 해줄 수 있고 예방접종 기록을 보관하고 있어야 하며, 특정 약품에 대한 고양이의 반응을 기록하고, 심지어 당신이 키우는 고양이의 성격과 특별한 버릇까지 속속들이 파악하고 있어야 한다. 이 같은 깊고 폭넓은 지식은 갑자기 사소한 응급 상황이 발생했을 때 큰 도움이 되는 것은 물론이고, 심각한 사건이 닥쳤을 때에는 고양이의 생사를 결정할 수도 있다. 이제 동물병원을 선택할 때 고려해야 할 사항들을 살펴보자.

- 동물병원을 선택할 때에는 고양이를 키우는 다른 주인들과 상의한다. 고양이 커뮤니티는 특정 종을 전문적으로 다루는 수의사를 비롯해 인근 지역의 추천 동물병원 및 수의사 명단을 제공해줄 수 있다.
- 선택을 고려 중인 동물병원에 예약을 하고 자신이 키우는 고양이에 대해

상의하라. 담당 수의사가 마음에 드는가?

• 동물병원의 시설을 점검하라. 시설이 깨끗하고, 불쾌한 냄새가 나지는 않는가? 주로 어떤 서비스를 제공하는가? 진단 기구 및 설비를 제대로 갖추고 있는가? 진료시간 외의 응급 상황에서는 어떻게 진료하는가?

• 접근이 용이한 동물병원을 선택하라. 병원의 진료시간과 위치가 이용하기 편리한가? 찾아가기 힘든 시간대에 일하는 수의사의 단골이 되거나 병원이 지나치게 먼 곳에 위치해 있으면 상당히 불편할 뿐만 아니라, 최악의 상황에는 반려동물의 생명을 위협하게 될 수도 있다.

• 가능한 한 고양이 전문 병원을 선택하라. 고양이 전문 병원은 개를 전문으로 하는 동물병원에 비해 상대적으로 숫자는 적지만 그만한 장점을 지니고 있다. 대체로 다른 동물병원보다 조용하고, 개가 없기 때문에 의료진이 고양이에게만 집중할 수 있다.

💡 **전문가의 tip**

고양이를 입양하기 전에 동물병원을 먼저 골라도 괜찮다. 어떤 종이 좋을지, 또는 어디서 고양이를 입양해야 할지 모르겠다면 수의사에게 조언을 구할 수 있을 것이다.

가정에서의
건강 체크리스트

고양이를 키우는 사람들은 고양이에게 잠재적인 건강 문제가 있지는 않은지 정기적으로 자세하게 살펴볼 필요가 있다. 이를 하기에 가장 좋은 때는 정기적인 털 손질 시간이다. 고양이의 털을 빗겨줄 때마다 다음 사항을 점검해보기 바란다.

구강 이빨은 흰색이어야 하며, 변색되거나 깨진 부분, 치석이 없어야 한다. 잇몸과 혀, 뺨 안쪽은 균일한 분홍색으로, 부어오르거나 짓무른 부위가 없어야 한다. 구취는 약간 비린내가 날 수는 있으나 역겨울 정도는 아니어야 한다.

코 콧물이 흐르거나 상처가 없어야 하며, 코가 막혀 숨쉬기를 힘들어 해서도 안 된다. 지속적으로 재채기를 하는 것은 문제가 있다는 신호다.

눈 건강한 고양이는 맑은 눈동자를 가지고 있다. 눈빛이 흐릿하거나 눈알이 튀어나오거나 눈자위가 빨갛거나 염증이 있는지 자세히 살펴보라. 제3의 눈꺼풀은 양쪽 눈가에서 살짝 보일 정도여야 한다. 순막이 두드러질 정도로 많이 보이면 질병이 있다는 신호다.

가정에서의 건강 체크리스트

건강한 고양이

1. 깨끗하고 흰 이빨, 분홍색 잇몸 (선천적으로 검은 반점이 섞여 있을 경우는 제외)
2. 맑고 깨끗한 눈동자
3. 분홍색 내이, 이물질이나 분비물 없음
4. 이나 벼룩, 두드러기가 없고, 털에 윤기가 고루 흐름
5. 항문이 깨끗함
6. 발이 깨끗함
7. 적정 체중

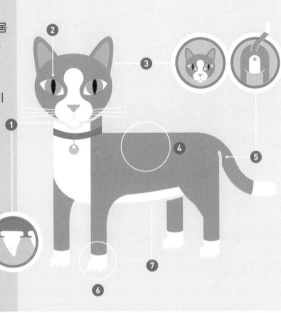

건강하지 않은 고양이

1. 분비물이 흐르고 자극에 민감함. 간지러움
2. 눈곱이 끼고 고름이나 염증이 있음. 눈을 자주 찡그림. 탁한 눈동자
3. 역겨운 입 냄새
4. 항문이 지저분함
5. 군데군데 털이 빠진 자국
6. 벼룩 분비물
7. 지나친 털 빠짐
8. 과체중 또는 저체중
9. 갈라신 발바닥

항문 깨끗하고 말라 있으며, 혹이나 부풀어 오른 부위가 없어야 한다.

귀 귀 안쪽이 깨끗해야 한다. 냄새가 나지 않고, 어두운 색의 귀지가 없어야 한다. 짓무른 곳이 있거나, 만지면 아프거나 간지러운 부분이 있어서도 안 된다. 고양이가 귀를 계속 긁거나 고개를 흔들면 문제가 있다는 뜻이다.

체중 갈비뼈가 만져지지 않는다면 비만일 가능성이 크다. 한편 갈비뼈가 눈에 보일 정도로 튀어나와 있다면 저체중일 수 있다. 매주 몸무게를 500그램씩 늘리거나 줄일 계획이라면 반드시 수의사와 먼저 상의하라.

발 발톱의 상태를 확인한다. 또한 발바닥이 깨끗하고, 트거나 갈라진 자국이 없어야 한다.

피부 손가락으로 고양이의 몸통을 천천히 훑는다. 혹이나 짓무른 부분이 없는지 살펴보고, 건드렸을 때 고양이가 부정적으로 반응하는 곳이 없는지 관찰한다. 빗으로 털을 빗어주며 벼룩 분비물이 붙어 있지는 않은지 확인한다.(벼룩의 분비물은 후추와 비슷하게 생겼다.) 피부는 아무 냄새도 없고 기름기가 없어야 하며, 딱지가 내려앉거나 각질이 날리거나 그 외 아픈 곳이나 염증이 있어서도 안 된다.

털 원형탈모증이 나타나는 곳은 없는지, 털이 지나치게 많이 빠지지는 않는지 살펴본다. 고양이가 몸단장을 갑자기 전혀 하지 않는다면 즉시 수의사와 상의하라. 질병이 있다는 신호일 수 있다.

💡 전문가의 tip

고양이는 고통과 불쾌함을 감추는 습성이 있기 때문에 고양이의 건강 상태를 정확하게 파악하는 것은 매우 어려운 일이다. 걸음걸이에서부터 당신과 상호작용하는 방식에 이르기까지 고양이의 평소 행동거지를 자세히 관찰하고, 의심스러운 변화가 나타났을 때 비교 기준으로 삼을 수 있도록 기억해두는 것이 좋다.

연령별 건강검진
체크리스트

고양이에게 응급 사태가 생기는 것을 예방하고 싶다면 생후 첫 1년 동안은 동물병원을 상당히 자주 드나들어야 하며, 그 후에도 최소한 1년에 한 번은 정기 검진을 받아야 한다. 다음은 고양이를 병원에 데려가는 시기와 검진 및 진료에 관한 대략적인 지침이다. 사실 새끼 고양이를 입양해 집으로 데려가기 전에 먼저 동물병원에 들르는 것이 이상적이다. 후속 진료 일정은 동물병원의 추천에 따르도록 한다.

첫 번째 검진(8~12주)

- 기본적인 신체검사
- 기생충 검사(회충, 벼룩, 귀진드기 등)
- 구충제 처방
- 고양이 백혈병과 고양이 에이즈 검사
- 계절에 따라 사상충 예방접종
- 예방접종의 종류와 접종 시기 상의

- 환경과 계절에 따라 벼룩 및 진드기 약 처방
- 털 손질, 배식, 화장실 훈련 등 궁금한 점 상의하기

두 번째 검진(11~15주)

- 기본적인 신체검사
- 구충제 처방
- 기생충 검사
- 수의사가 추천하는 예방접종 맞기
- 문제 행동이 있을 경우 수의사와 상의하기

세 번째 검진(14~17주)

- 기본적인 신체검사
- 구충제 처방
- 기생충 검사
- 적절한 중성화 수술 시기 논의, 수술 날짜 예약
- 수의사가 추천하는 예방접종 맞기
- 문제 행동이 있을 경우 상의하기
- 성묘용 사료를 먹여도 좋을지 상의하기
- 성장 추이에 맞게 사상충 예방 치료제 투여량 조절

정기검진

- 기본적인 신체검사
- 시기적절한 면역 촉진제
- 기생충 구제(기생충이 있을 경우)

- 사상충 혈액 검사
- 성묘의 건강검진(신장, 간, 혈당치, 그 외 장기 기능이 저하되는 6~7년째에 시작)
- 고양이 백혈병 및 고양이 에이즈 검사(실외 고양이일 경우)

건강의
이상 징후

고양이는 살아가는 내내 많은 신체적 문제를 겪게 된다. 그중 대부분은 고양이 스스로 해결할 수 있지만, 24시간 이상 지속되거나 악화될 경우에는 전문가의 도움을 받아야 한다. 다음은 고양이에게 가장 흔히 나타나는 신체적 기능 장애이므로 잘 기억해두기 바란다.(가능하다면 함께 사는 다른 가족들도 숙지해두는 것이 좋다.) 또한 문제가 생겼을 경우에 대비하여 대해 미리 준비를 해두어야 한다. 실제로 응급 상황이 발생하면 필요한 정보나 자료를 찾아 헤맬 시간이 없을 테니 말이다.

출혈 피부 표면에 난 작은 상처는 집에서도 간단히 치료할 수 있다. 그보다 더 심각한 부상이나 관통상(특히 다른 고양이에게 물렸을 때)을 입어 피가 멈추지 않을 때에는 당장 동물병원을 찾아라. 또한 배변을 볼 때 가끔 약간의 피가 비치는 것은 괜찮지만 지속적으로 혈뇨나 혈변을 싼다면 즉시 검사가 필요하다.

호흡곤란 호흡곤란(기침, 재채기, 숨 쉬기 힘들어함 등) 증세가 오래 지속된다면 폐렴에서 심각한 알레르기에 이르기까지 다양한 질병의 신호일 수 있다. 당장 수의사와 상의하라.

쓰러짐 고양이가 갑자기 쓰러져 일어나지 못하면 당장 수의사에게 연락한 다음 고양이를 데리고 동물병원으로 달려가라. 또한 고양이가 쓰러지기 전에 무슨 일이 있었는지 기억해두라. 원인을 규명하는 데 큰 도움이 된다.

변비 고양이가 배변을 보지 못하면 즉시 병원에 데려가라. 장기능 장애 같은 생명을 위협하는 질병이 있을지도 모른다. 배뇨 불능과 변비를 착각할 수 있으므로 신중하게 관찰하라.

설사 사료를 바꿨을 때처럼 사소한 원인으로 인한 일시적인 현상일 수도 있지만, 만약 이런 상태가 24시간 이상 지속된다면 수의사에게 연락하라. 오래 지속되면 탈수 현상을 일으킬 수 있다.

귀지 건강한 고양이는 소량의 말랑말랑하고 연한 색깔의 귀지를 배출한다. 그러나 귀지가 지나치게 많거나 색깔이 변하거나 불쾌한 냄새가 난다면 수의사와 상의하라. 고양이가 머리를 자주 흔들거나 끊임없이 귀를 긁을 때에도 마찬가지다.

물을 지나치게 많이 마실 때 이 같은 증세는 당뇨병일 가능성이 높으며(과체중인 고양이에게서 자주 나타난다.) 신장 기능에 이상이 생겼을 수도 있다.

눈곱 눈에 일정량의 눈곱이 끼는 현상은 (특히 장모종에게는) 극히 정상이다. 단 지나치게 많이 끼거나 변색된다면 반드시 수의사에게 보고하라. 또한 충혈, 부어오름, 염증 등 눈에 문제가 생기면 반드시 수의사와 상의

해야 하며, 물체에 부딪히거나 긁혀서 상처가 났을 때에도 즉시 전문가의 진찰을 받아야 한다.

고열 정상적인 고양이의 체온은 섭씨 37.7~39도 사이이다. 날씨가 더워지면 이보다 약간 상승할 수도 있다. 만일 체온이 37도 아래로 내려가거나 39.5도 이상으로 상승한다면 담당 수의사에게 연락하라.(201쪽 '체온 재는 법' 참조)

몸단장을 하지 않을 때 고양이는 본능적으로 털을 핥아 몸단장을 하도록 되어 있다. 따라서 이 같은 행동을 중단한다는 것은 어딘가 이상이 있다는 의미다. 고양이가 너무 오랫동안 몸단장을 하지 않는다면 전문가의 조언을 구하라.

잇몸 변색 분홍색 잇몸은 잇몸 세포에 산소가 정상적으로 공급되고 있다는 증거이다. 잇몸이 창백하거나 푸르스름하거나 노란색으로 변색되면 수의사의 진찰이 필요하다. 한편 고양이의 혈액순환 정도를 간단히 확인해보고 싶을 때에는 손가락으로 고양이의 잇몸을 살짝 눌렀다가 떼어보면 된다. 혈액순환이 정상적으로 이루어지고 있다면 불과 1, 2초 뒤에 분홍색으로 돌아올 것이다. 색이 돌아오는 데 1초 이하, 또는 3초 이상이 걸린다면 혈액 공급에 문제가 있다는 뜻이다.

절뚝거림(지속적인 증상일 경우) 만일 이런 문제가 한두 시간 이상 지속되면 담당 수의사와 상의하는 것이 좋다. 고양이의 움직임이 평소와 다르다면(갑자기 느려지거나, 뛰기를 거부하거나, 걸음걸이가 바뀌었을 경우 등) 자세히 지켜보고, 그러한 증세가 계속되면 병원에 데려가라.

식욕부진 먹이를 먹지 않는 원인은 특정 사료에 대한 불만에서부터 전염병, 극심한 고통에 이르기까지 다양하다. 원인을 파악하는 첫 번째 단계는 고양이의 식사 습관(사료의 종류, 그릇, 먹이가 놓인 장소)에 변화가 가해지지 않았는지 살펴보는 것이다. 이 같은 행동이 24시간 이상 지속된다면 전문가의 도움을 받아라.

통증 고양이가 통증으로 힘들어하고 있다는 것이 확실하다면 즉시 동물병원으로 데려가라. 고양이는 원래 통증과 불편함을 감추는 데 엄청난 재주를 가진 동물이다. 그러므로 고양이가 고통을 숨기지 못한다는 것은 대단히 심각한 기능 장애가 발생했음을 뜻한다.

발작 식중독에서 심각한 두부 부상에 이르기까지 여러 가지 형태의 기능 장애가 발생했을 가능성이 있다. 발작이 일어나면 아무리 오랫동안 지속되더라도 최대한 그 옆을 지켜주고, 일단 발작이 끝나면 수의사와 상의한다. 만일 이런 발작이 5분 이상 지속되면 그 즉시 고양이를 (필요하다면 발작을 일으키는 중이라고 해도) 동물병원으로 데려가라. 고양이를 다룰 때에는 부상을 입지 않도록 보호 장비(긴 소매의 옷, 장갑)를 착용해야 한다. 또한 고양이가 발작을 일으키기 전에 정확하게 무슨 일이 있었는지 기억해둔다. 발작의 원인을 파악하는 데 아주 유용하기 때문이다.

피부병 붉은 반점, 부스럼, 원형탈모가 생기거나 몸이 간지러워 계속 긁는다면 전문적인 치료를 받아야 한다.

떨림증 신경성 질환에서부터 열병에 이르기까지 여러 가능성이 있다. 당장 동물병원으로 달려가라.

배뇨 불능 즉시 수의사에게 연락하라. 소변을 보지 못한다는 것은 요로폐색이나 신부전증처럼 매우 심각하고 위험한 기능 장애의 증세일 수 있다.

부적절한 배뇨 때로 스트레스가 심해지면 고양이는 화장실 상자를 이용하지 않기도 한다. 그러나 이 같은 행위가 자주 발생한다면 심각한 질병이 있다는 뜻일 수도 있다. 중성화하지 않은 수컷의 경우 화장실 상자 이외의 장소에 소변을 누는 것은 영역 표시 행위일 확률이 크다.

배뇨 시 통증 소변을 눌 때 통증을 느끼는 것은 요로 감염이나 요로폐색의 주요 증상 중 하나다. 즉시 수의사와 상의하라.

구토 모든 고양이들은 종종 구토를 한다. 그러나 이러한 구토 증상이 밥을 먹은 직후에 지속적으로 나타나거나 헤어볼과 아무런 관련도 없다면 담당 수의사와 상의하라. 고양이가 고통스러워하며 구토를 시도하지만 아무것도 나오지 않거나 구토물에 피가 섞여 있을 경우, 반복적으로 게울 경우에는 서둘러 전문가의 도움을 구하라.

체중 감소 고양이의 체중은 매주 재는 것이 좋다. 급격한 체중 변화가 일어났을 때 초기에 발견할 수 있기 때문이다. 만약 체중이 일주일에 225그램 이상으로 급격하게 감소한다면 당장 수의사의 진찰을 받아야 한다. 갑작스러운 체중 감소는 대개 다른 기능 장애가 있다는 신호이며, 그 자체로도 문제를 야기할 수 있다. 고양이의 건강에 무리를 주기 때문이다.(140쪽 '몸무게 재는 법' 참조)

가정용 구급상자
마련하기

고양이에게 의학적인 문제가 발생했을 때에는 대개 수의사나 동물병원에 맡겨야 한다. 그러나 몇몇 사소한 문제의 경우에는 다음 도구들을 사용하여 집에서도 간단히 해결할 수 있다.(심각한 문제가 생겼을 경우에도 동물병원에 가기 전에 집에서 응급처치를 할 수도 있다.)

아래 의약품들을 상자 안에 담아두고(작은 플라스틱 공구상자면 충분하다.) 언제든 꺼낼 수 있는 장소에 보관하라. 자신이 자주 가는 동물병원의 이름과 전화번호, 가장 가까운 곳에 있는 동물병원 응급실 번호도 적어놓는다.

- 솜붕대, 코튼볼
- 검사용 장갑
- 거즈, 거즈 테이프
- 수술용 반창고
- 두꺼운 장갑
- 아이스팩
- 가위

- 3퍼센트 과산화수소수
- 안약
- 체온계(디지털 제품이 유용하다.)
- 경구 투여용 주사기
- 알약 투여기(197쪽 참조)
- 커다란 수건

또한 구급상자 근처에 고양이의 진료 기록 사본을 함께 보관하는 것이 좋다. 여기에는 고양이의 과거 병력과 관련된 모든 정보가 들어 있어야 한다.

- 지금까지 받은 예방접종 목록과 접종 날짜
- 복용 경험이 있는 의약품 목록
- 사상충, 벼룩 제거 등 최근에 받은 병원 치료
- 혈액 검사를 받은 날짜와 결과
- 가능하다면 동물병원 청구서와 검사 서류 사본도 있으면 좋다.(고양이의 병력과 치료 내역에 대해 매우 유용한 정보를 제공해줄 수 있다.)

⚠ 주의

수의사의 지시 없이는 고양이에게 절대로 사람용 의약품을 먹이면 안 된다. 아무리 단순하고 흔한 제품이라고 해도 사람의 약은 소량으로도 고양이에게 매우 심각한 기능 장애를 일으킬 수 있으며, 경우에 따라 생명을 잃을 수도 있다.(216쪽 '독극물을 삼켰을 경우' 참조)

귀에 약 넣기

고양이에게 귀는 각별히 예민한 부위이다. 약물 치료가 필요한 감염성 질환으로 고통을 겪고 있다면 더더욱 그렇다. 고양이의 귀에 약물을 투여해야 할 경우에는 다음과 같은 방법을 따른다. 격렬한 저항이 뒤따를지 모르니 단단히 각오하라.

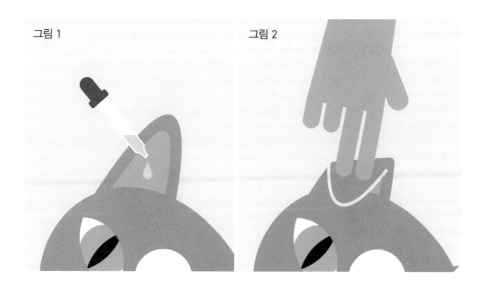

그림 1

그림 2

1. 손을 뻗으면 금방 닿을 곳에 약을 준비해놓는다. 만일 고양이가 몸부림을 친다면 몸에 수건을 감거나 다른 사람의 도움을 받아라.

2. 고양이를 무릎 위에 얹고 움직이지 못하게 단단히 잡는다.

3. 오른손(왼손잡이의 경우는 왼손)으로 귀에 필요한 만큼의 약물을 떨어뜨린다. 내이로 들어가도록 조심해서 겨냥하라.(그림 1)

4. 약을 넣자마자 오른손(왼손잡이는 왼손)으로 고양이의 귀를 접는다.(그림 2) 약이 귓속으로 완전히 흘러 들어가도록 다른 쪽 손으로 귀 뿌리 부근을 부드럽게 문지른다. 반대 쪽 귀에 같은 과정을 한 번 더 반복한다.

알약 먹이기

고양이에게 주기적으로 알약을 먹여야 한다면 알약 투여기(pill gun)를 장만하는 것도 좋은 생각이다. 알약 투여기는 긴 플라스틱 튜브 끝에 플런저가 붙어 있어 고양이의 입속에 손쉽게 알약을 밀어 넣을 수 있다. 알약 투여기가 없다면 아래 방법을 사용할 수도 있다. 단, 약을 먹이는 과정에서 몸부림을 치며 격심하게 저항할지도 모르니, 고양이를 수건으로 감싸고 단단히 붙들어라.

1. 약을 손이 닿는 곳에 놓아둔다.
2. 무릎을 꿇고 양다리 사이에 고양이의 얼굴이 바깥쪽으로 향하도록 앉힌다.(그림 1)
3. 왼손(왼손잡이의 경우 오른손)으로 고양이의 머리를 붙잡아 코가 천장을 향하도록 얼굴을 들어 올린다.(그림 2) 그러면 입이 자연스럽게 벌어질 것이다.
4. 왼손의 엄지와 가운뎃손가락을 이용해 조심스럽게 고양이의 입을 벌린다.
5. 오른손(왼손잡이의 경우 왼손)으로 고양이의 목구멍 속에 알약을 떨어뜨

알약 먹이는 방법

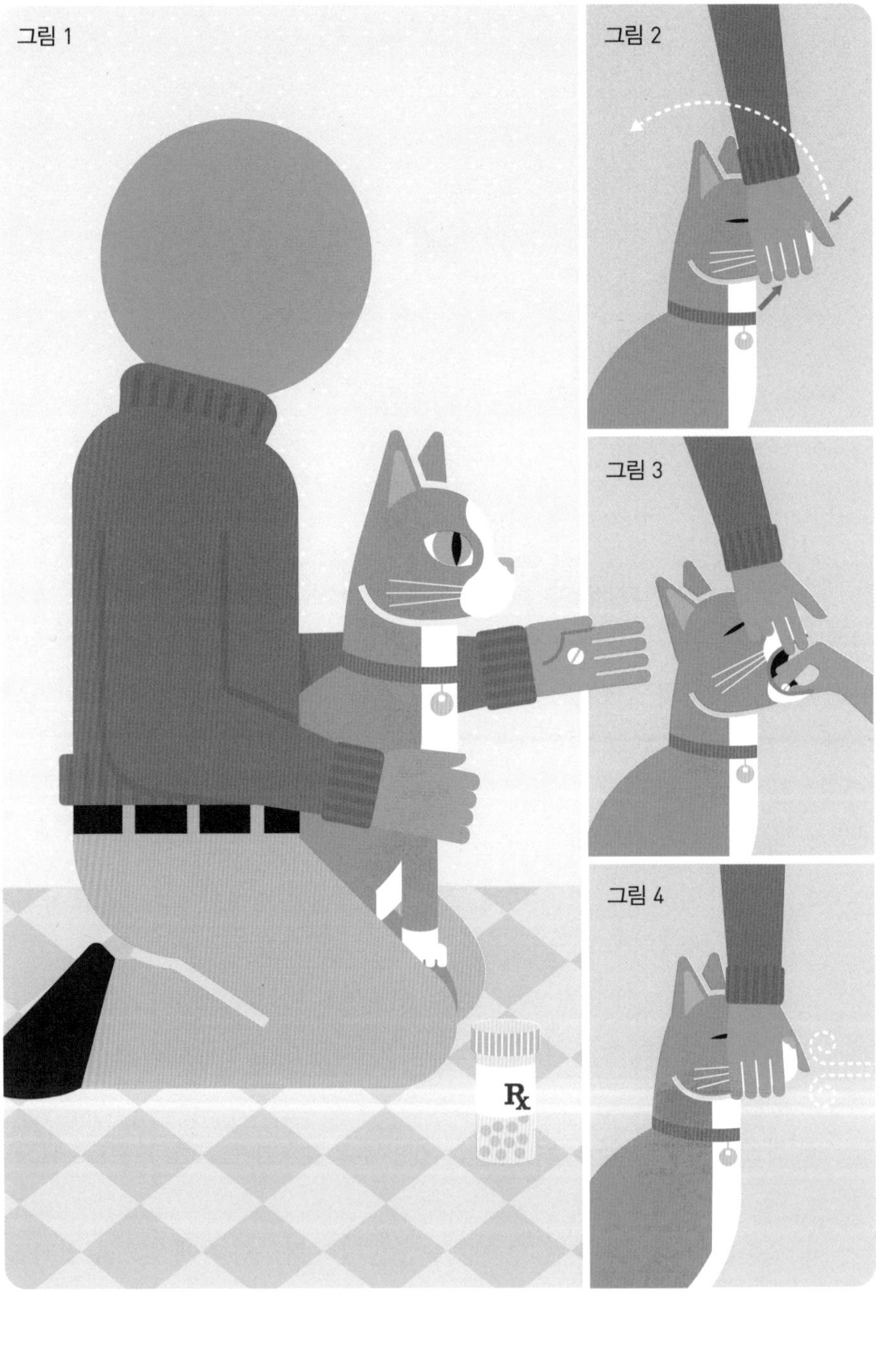

그림 1

그림 2

그림 3

그림 4

린다.(그림 3) 약을 혀 위에 놓지 말고, 완전히 혀 뒤로 넣어야 한다.

6. 왼손으로 부드럽지만 단호하게 고양이의 입을 닫는다.

7. 목과 아래턱을 부드럽게 문질러주며 고양이가 약을 삼키게끔 한다. 코에 입김을 불어주면(그림 4) 반사적으로 약을 삼키도록 유도할 수 있다.

8. 고양이가 알약을 삼키고 나면 다리 사이에서 빼내 칭찬을 해준다. 간식을 주는 것도 좋다. 혹시 약을 토하지 않는지 얼마 동안 주의 깊게 관찰한다.

> **💡 전문가의 tip**
>
> 처방전을 받을 때 약을 넉넉하게 달라고 해야 한다. 고양이의 목구멍에 약을 집어넣으려고 끙끙대는 와중에 쓰레기통에 버려지는 것도 몇 개 있을 테니 말이다. 어떤 고양이들은 약을 삼켜놓고도 나중에 슬쩍 뱉어내기도 한다.

주사

흥미롭게도 많은 고양이들이 알약보다 오히려 피하주사에 거부반응이 적다. 어쩌면 이는 고양이가 고통을 참는 능력은 탁월한 반면, 모멸감을 참는 능력은 형편없기 때문인지도 모른다. 약을 먹이려고 할 때마다 뱉어내거나 격렬하게 저항하는 고양이들도 피하주사를 맞을 때는 얌전히 앉아 기다리곤 한다. 그러므로 고양이가 약 먹기를 거부한다면 수의사에게 주사로 대체할 수 있는지 물어보라. 수의사가 집에서 안전하고 간단하게 주사를 놓는 방법을 알려줄 수도 있다.

맥박 재는 법

정상적인 고양이의 심박수는 분당 140~220회이다. 만약 이 기준에서 벗어나거나 불규칙하다면 즉시 수의사와 상의하라.

1. 고양이를 바닥에 오른쪽으로 눕힌다.

2. 앞다리 뒤에서부터 왼쪽 가슴에 손을 얹어 맥박을 느낀다. 청진기를 이용할 수도 있다.

3. 심장이 15초 동안 몇 번이나 뛰는지 센다. 이 수치에 4를 곱해 분당 심박수를 측정한다.

체온 재는 법

디지털 체온계를 사용한다. 사람용 귀 체온계는 고양이의 귀 구조와 맞지 않으므로 주의하라.

1. 다른 사람에게 고양이를 꽉 잡고 있어달라고 부탁한다.(그림 1) 만약의 사고에 대비해 고양이의 몸 전체를 수건으로 감싼다.(당연하지만 항문은 가

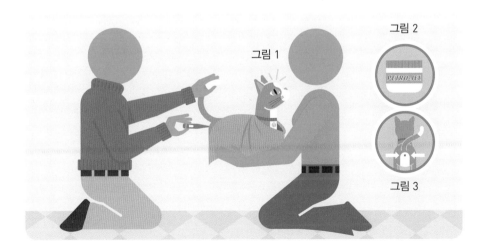

리면 안 된다.)

2. 체온계에 바셀린이나 기타 윤활제를 발라 매끄럽게 만든다.(그림 2)

3. 고양이의 꼬리를 살짝 잡아 올린 다음, 직장에 2~3센티미터 깊이로 체
온계를 찔러 넣는다.(그림 3) 체온계에서 신호음이 울릴 때까지 그 자세를
유지한다.

고양이가 사람에게
옮길 수 있는 질병

흔한 경우는 아니지만 고양이의 몇몇 질병들은 사람에게 옮을 수 있으며(이러한 질병을 '동물원성 감염질병'이라고 한다.), 사람이 앓는 질병 가운데 극소수는 고양이 때문에 악화되기도 한다. 물론 건강한 성인의 경우에는 그다지 문제가 되지 않지만, 간혹 임산부나 어린이, 면역력이 특히 약한 사람에게는 심각한 문제가 될 수 있다.

알레르기　일반적으로 고양이 알레르기는 개 알레르기보다 증상이 심각한 경우가 많다. 고양이가 몸단장을 할 때 고양이의 타액에 함유된, 사람에게 알레르기 반응을 일으키는 'Fel d1 효소'를 글자 그대로 털에 '입히기' 때문이다. 이 물질은 빠진 털뿐만 아니라 비듬이라고 불리는 미세한 피부 조각에 의해서도 전달된다. 고양이 알레르기는 매우 심각한 상황으로 이어질 수 있으며, 천식을 앓고 있는 사람의 경우에는 목숨마저 위협할 수 있다. 알레르기 증상이 경미한 이들은 정기적인 약물 투여나 청소, 철저한 털 손질을 통해 해결할 수 있다.

고양이 발톱병(묘소병)　이 질병에 대해서는 많은 논란이 있다. 그중에서도 가장 지지를 받고 있는 견해는 이 병이 로칼리마이아 헨셀라이(Rochalimaea henselae) 박테리아로 인해 발생한다는 것이다. 고양이 발톱병은 고양이가 사람을 물거나 할퀴었을 때 걸리는데 가끔은 벼룩이 옮기는 경우도 있다. 독감과 증상이 비슷하고 림프절에 손상을 입힌다. 건강한 사람의 항생작용은 이 박테리아를 충분히 이겨낼 수 있지만 면역력이 약한 사람은 위험할 수 있다.

클라미디아　사람에게 질병을 일으키는 박테리아와 같은 계통으로, 일부 변종이 고양이에게 호흡기 감염을 일으킨다. 접촉을 통해 사람에게 전염될 경우 고양이와 비슷한 증상에 시달리게 되며, 치료를 하지 않으면 폐렴으로 이어질 수 있다. 그러나 면역력이 극도로 약한 사람들을 제외하면 고양이가 이 병을 사람에게 옮길 위험은 거의 없다고 할 수 있다.

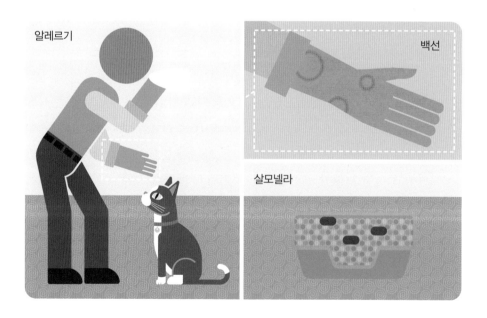

알레르기

백선

살모넬라

파스튜렐라 대부분의 고양이의 입속에 살고 있는 전염성 박테리아. 고양이가 물어 피부에 상처가 났을 경우 반드시 그 부위를 소독하고 감염 증상이 나타나지는 않는지 주의 깊게 살펴라. 파스튜렐라는 고름, 붓기, 염증을 야기할 수 있으며, 항생제로 간단히 해결할 수 있다.

백선 이 곰팡이성 질환에 감염되면 피부에 원 모양의 붉은 반점이 나타난다. 아마도 고양이가 사람에게 옮기는 가장 흔한 질병일 것이다. 이 병과 접촉한 고양이 중 상당수가 '보균자'가 될 수 있으며, 비록 고양이 자신은 아무런 증상이 나타나지 않더라도 사람에게 전염될 수 있다.

살모넬라 고양이의 배설물을 통해 감염되는 박테리아로, 야생 새를 잡는 고양이에게서 흔히 나타난다. 화장실 상자를 청소한 후 손 씻는 버릇을 들인다면 걱정하지 않아도 된다.

Chapter 9

각종 질병과
응급 상황 대처법

전염성 질병

전염성 질병 중 대부분이 예방접종으로 예방할 수 있으므로, 고양이의 외부 노출 정도에 맞게 담당 수의사와 상의 후 정기적으로 예방주사를 맞혀야 한다. 치료법이 존재하지 않는 질병의 경우 최상의 예방법은 고양이를 실내에서만 키움으로써 병을 옮길 수 있는 다른 동물들로부터 보호하는 것이다. 하지만 실내 고양이라고 해서 예방접종을 받지 않아도 되는 것은 아니라는 사실 또한 명심하라. 주인이나 짧은 외출을 통해 위험한 병이 옮을 수도 있다.

아래에 고양이가 걸릴 수 있는 각종 질병에 대해 간략하게 설명해놓았다. 항목 제목 앞의 십자(✚) 표시는 즉각적인 수의사의 치료가 필요함을, 해골(☠) 표시는 죽음에 이를 수도 있는 치명적인 질병을 의미한다.

✚ **보데텔라**　가벼운 호흡기 감염 증상으로, 동물보호소나 위탁보호소처럼 동물들이 많이 모여 있는 곳에서 흔히 발생하기 때문에 '켄넬코프(kennel cough)'라고 불리기도 한다.[휴가 등의 이유로 반려동물을 잠시 맡기는 위탁보호소를 'boarding kennel'이라고 하는 데서 비롯된 이름] 백신이 있긴 하지만 고양이를 여러 마리 키우지 않거나, 몸단장을 전문 미용사에게 맡

기지 않아 다른 고양이들과 접촉할 일이 없다면 그다지 필수적이지는 않다. 담당 수의사와 상의하라.

✚ **클라미디아**   흔한 호흡기 질환으로, 결막염을 일으킨다. 백신으로 예방할 수 있다.(204쪽 참조)

✚☠ **고양이 에이즈**   '고양이 면역결핍 바이러스'라고도 불리며, 사람의 에이즈와 비슷하다. 사람의 경우와 마찬가지로 면역체계를 손상시켜 암, 바이러스, 박테리아성 감염 등 각종 질병에 취약하게 만든다. 고양이 에이즈에는 치료약이 없다. 이 병에 걸리더라도 수년 동안 건강하게 지낼 수도 있다. 하지만 다른 고양이와의 접촉은 철저히 피해야 한다. 조금이라도 건강에 이상이 나타난다면 즉각적으로 대처하라. 고양이 에이즈는 사람에게 전염되지 않는다.

✚☠ **고양이 천식**   정확히 말해 전염성 질병은 아니지만, 천식은 언제든 갑작스럽게 고양이를 덮칠 수 있으며 거의 재앙에 가까울 정도로 심각한 상황에 이를 수 있다. 천식에 걸렸을 경우 가장 흔히 나타나는 증상은 호흡곤란으로, 기침을 하거나 숨을 쉴 때 씨근거리는 소리를 낸다. 증상이 나타나는 기간과 심각성은 고양이에 따라 다양하다. 사람과 마찬가지로 약물치료로 증상을 완화할 수는 있으나 완치는 불가능하다.

✚☠ **고양이 칼시바이러스**   고양이의 타액과 호흡기 분비물을 통해 전염된다. 독감과 유사한 증상을 보이며, 새끼 고양이에게는 치명적일 수도 있다. 한번 이 병에 걸린 고양이는 몇 년간 보균묘가 될 수 있다. 백신으로 증상을 완화하거나 예방할 수 있다.

✚☠ **고양이 홍역**   백혈구 감소증이라고도 한다. 개 홍역과는 완전히 다른

종류의 질병이다. 매우 위험한 장내 바이러스가 장기 내부와 골수에 침입하여 발열, 경련, 설사, 탈수, 백혈구 세포 파괴 등 다양한 증상을 일으킨다. 특히 새끼 고양이에게 치명적이다.(평균 사망률 75퍼센트) 백신으로 예방할 수 있다.

✚☠ **고양이 전염성 복막염**　매우 치명적인 질병으로, 특히 여러 마리의 고양이가 함께 생활할 때 발생하기 쉬우며, 감염된 고양이와의 신체적 접촉이나 먹이그릇, 침구를 통해 전염된다. 코로나바이러스의 일종이 원인인데, 이 계통의 바이러스는 새끼 고양이에게 경미한 다른 질병들을 발생시키기도 한다. 불행히도 의료 검사만으로는 고양이가 경미한 코로나바이러스에 감염된 것인지 아니면 훨씬 치명적인 바이러스에 감염된 것인지 판단할 수 없다. 바이러스에 노출되어 병이 발현되지 않았더라도, 대부분 보균묘가 된다. 또한 이 병은 암, 심장병, 뇌질환 등 다른 질병들과 증상이 비슷하기 때문에 구분하기가 힘들다. 백신이 존재하긴 하지만 아직까지는 효과가 확실히 입증되지 않았다. 가장 효과적인 예방책은 다른 고양이가 많이 있는 곳을 피하는 것이다.

✚☠ **고양이 백혈병 바이러스**　매우 위험한 병이다. 고양이 백혈병은 암으로 전이될 수 있으며, 면역체계를 약화시킨다. 백신이 존재하지만 백 퍼센트 신뢰할 수 있는 것은 아니다. 이 병은 매우 위험하기 때문에 고양이를 입양할 때 반드시 병의 유무를 검사하는 것이 좋다. 그러나 사람에게는 전염되지 않으니 그 점은 안심해도 좋다. 백혈병에 걸렸다 하더라도 어떤 고양이는 수년간 아무 문제가 없을 수도 있으며, 아주 드문 경우지만 면역체계가 아예 이 병에 거부반응을 보이는 고양이도 있다. 때문에 정기적인 검진이 매우 중요하다.

✚☠ **고양이 바이러스성 비기관지염**　호흡기 질병 중 가장 악성으로, 고양

이의 타액으로 전염되는 헤르페스바이러스가 원인이다. 비기관지염은 새끼 고양이에게 매우 치명적일 수 있다. 또한 성묘가 되어서도 몇 년 동안 체내에 잠복하고 있다가 다른 고양이를 전염시킨다. 백신이 있긴 하나 완벽한 예방책이 되지는 못한다. 그저 병의 심각성을 조금 약화시킬 뿐이다. 백신은 대개 칼시바이러스 백신과 혼합되어 있다.(209쪽 참조)

✚☠ **공수병** 주로 이 병에 걸린 동물에게 물려서 감염되는 바이러스성 질병으로, 발열 및 치명적인 신경 손상을 일으킨다. 미국의 경우, 주에 따라 다르지만 일부 지역에서는 예방접종을 맞지 않은 상태에서 감염 동물과 접촉한 동물은 곧장 안락사하도록 하고 있다.

만성질환

✚ **관절염** 관절에 염증이 생겨 발생하는 질환으로 주로 나이 든 고양이에게서 나타난다. 비만으로 의해 증상이 더욱 악화될 수 있다. 약한 진통제로 증상을 경감시킬 수는 있으나, 사람이 먹는 진통제나 관절염 약을 고양이에게 먹이면 절대 안 된다.

✚☠ **방광염** 방광 자극에서부터 요로폐색에 이르기까지 여러 증상을 야기할 수 있다. 방광염은 고양이에게 매우 고통스러운 병이다. 고양이가 배뇨에 어려움을 겪고 있는 듯 보이면 즉시 수의사에게 연락하라.

✚☠ **암** 암(특히 악성 종양)은 고양이에게 매우 흔한 병이다. 사람과 마찬가지로 고양이의 암도 수술과 약물 치료, 방사선 치료 등으로 치료할 수 있다. 치료가 성공할 확률은 암의 종류와 치료의 강도, 질병의 진행 정도에 달려 있다.

✚☠ **당뇨병** 사람과 마찬가지로 고양이의 췌장이 인슐린 호르몬을 통해

혈당치를 조절하는 능력을 상실했을 때 발생한다. 췌장이 인슐린을 충분히 분비하지 못하거나 인슐린이 올바르게 기능할 수 없을 때 당뇨병에 걸리게 된다. 특히 과체중이나 비만인 고양이가 취약하며, 식단을 바꾸어주거나 약물 치료를 해야 한다.

✚☠ 심장질환   유전적인 것일 수도, 후천적인 것일 수도 있다.(그러나 후천성인 경우가 훨씬 많다.) 주로 심장 판막의 기형이나 손상에서 비롯되며, 정기검진에서 심장잡음이 포착되면 심장질환을 의심해보아야 한다. 심장병을 완전히 치료할 수 있는 방법은 없으나, 많은 경우 약물 치료와 생활습관 변화, 세심한 건강관리를 통해 관리가 가능하다.

✚☠ 갑상선 기능항진증   나이 든 고양이에게서 흔히 볼 수 있으며, 갑상선 호르몬의 과다 분비가 원인이다. 신진대사율을 지나치게 증가시켜 급격한 체중 감소와 내부 장기 손상 등이 나타날 수 있다. 약물 치료, 수술, 방사선 요오드 치료로 치료할 수 있다.

✚☠ 신장질환   고양이는 나이가 들면 만성 신장질환이 나타날 수 있다. 독소를 제거하는 신장기능이 저하되면 체내에 독성이 쌓이는데, 그 결과 평소보다 물을 더 많이 마시고 소변을 보는 횟수 또한 늘어나게 된다. 식단 변화와 약물 치료로 병의 진행을 늦출 수는 있으나, 많은 고양이들이 신장질환으로 목숨을 잃는다.

유전성 질환

순종 고양이는 유전성 질병에 취약한 경우가 종종 있다. 그러나 고양이는 지난 수천 년 동안 선택교배된 개에 비하면 훨씬 미미한 수준이다. 윤기가 흐르는 모피라든가 흥미로운 색깔 배합처럼 순종만의 특색을 얻기 위한 선택교배가 원치 않는 유전적 특성도 함께 발현시킬 수 있기 때문이다. 가령 히말라얀은 백내장에 걸리기 쉽고, 일부 페르시안종은 다낭성 신장질환에 걸리기 쉽다. 맹크스는 극심한 골변형을 겪을 수 있다.

그렇다고 순종을 키우면 안 된다는 뜻은 아니다. 순종을 키울 경우 이 같은 사항을 인식하고 있어야 한다는 의미다. 수의사와 다양한 고양이 품종의 장단점에 관해 이야기를 나눠보라. 대부분의 경우 무작위로 교배된 혼혈묘들은 순종에게서 자주 나타나는 유전질환으로부터 완전히 자유롭다.

알레르기

알레르기는 사람과 마찬가지로 고양이에게도 매우 흔히 나타나며, 사람이 주로 호흡기 증상(콧물, 재채기 등)을 보이는 데 반해 고양이는 피부염 증상(부스럼, 간지러움, 탈모증 등)이나 위장 장애(구토, 설사)를 일으킨다. 불행히도 고양이는 음식에서 벼룩, 심지어 식물에 이르기까지 다양한 알레르겐에 알레르기 반응을 보인다. 반응의 강도 또한 단순히 불쾌하고 귀찮은 정도에서 생명에 지장을 주는 응급 상황(알레르겐으로 인해 기관지가 수축하거나 부어오를 경우)에 이르기까지 매우 다양하다. 음식 알레르기는 구토나 설사를 유발할 수 있고, 벌레 물림에 대한 알레르기 반응은 과민성 쇼크라고 불리는 심각한 상황까지 이를 수 있다. 만약 고양이가 알레르기 반응을 보인다면 담당 수의사와 상의하라.

> 💡 **전문가의 tip**
>
> 알레르기의 원인을 추적할 때에는 증상이 나타나기 전에 주변 환경에 눈에 띄는 변화가 일어나지 않았는지 확인한다. 어떤 고양이들은 새로운 카펫 냄새나 페인트칠, 심지어 새로 산 전자제품의 냄새와 같은 환경적 요소에 매우 민감하고 격렬한 반응을 보일 수 있다. 참고로 많은 고양이들이 플라스틱에 알레르기를 지니고 있다.

독극물을
삼켰을 경우

호기심이 많고 기웃거리기를 좋아하는 고양이들은 가끔 아주 괴상한 물질들을 삼킬 수 있다. 만약 고양이가 그런 것들을 먹는 모습을 발견하면 즉시 고양이의 입을 물로 헹구고 잔여물을 깨끗이 씻어내라. 하지만 지나치게 당황하지는 말라. 그 모습을 보고 놀란 고양이가 손이 닿지 않는 곳으로 도망가버릴 수도 있기 때문이다. 고양이를 방에 가두고 수의사에게 전화해 어떻게 해야 할지 조언을 구하라. 병원으로 오라는 지시를 받는다면 고양이가 삼킨 물질이 담긴 용기를 가지고 가는 것이 좋다. 고양이가 섭취한 물질에 대해 중요한 정보를 제공해줄 수 있기 때문이다.

✚☠ **아세트아미노펜** 타이레놀의 주성분이다. 주변에서 손쉽게 구할 수 있는 이 진통제는 500밀리그램짜리 알약 하나만으로도 성묘 한 마리의 목숨을 빼앗을 수 있다.
- 증상 : 구토, 침 흘리기, 혈뇨, 장내 점막의 갈변화 또는 청변화.
- 대처 방법 : 아세트아미노펜을 섭취한 지 시간이 얼마 지나지 않았다면 구토를 유도한다.(220쪽 '구토 유도 방법' 참조) 당장 수의사를 찾아가야

하며, 빠른 시간 내에 처치를 받더라도 예후는 불확실하다.

✚☠ **부동액** 고양이는 부동액의 달콤한 맛에 끌릴 수 있다.
- 증상 : 경련, 발작, 구토, 의식불명, 사망.
- 대처 방법 : 만약 고양이가 부동액을 섭취했다면 구토를 유도하고 곧장 의학적 도움을 받아라. 즉각적인 치료가 이루어진다고 해도 부동액 중독은 치명적인 결과로 이어지기 쉽다.

✚☠ **아스피린** 극소량만으로도 신장 기능을 파괴할 수 있으며, 위궤양, 간염, 그 밖의 기능 장애를 야기할 수 있다.
- 증상 : 피가 섞인 구토, 복통, 허약 증상, 의식불명.
- 대처 방법 : 아스피린을 섭취한 지 얼마 지나지 않았다면 구토를 유도하고, 즉시 수의사에게 달려가라. 증상이 나타난 뒤에야 치료를 시작한다면 좋은 결과를 기대하기 어렵다.

✚☠ **납** 납중독은 대개 오래된 페인트 조각 때문에 발생한다.
- 증상 : 식욕부진, 체중 감소, 구토, 경련 및 경기의 심화, 마비, 실명, 의식불명.
- 대처 방법 : 납중독 증상은 서서히 발현된다. 만약 고양이에게서 이 같은 증상을 발견한다면 수의사에게 혈액 검사나 소변 검사를 의뢰하라.

✚ **쥐약** 쥐약을 먹거나, 쥐약을 먹은 쥐를 잡아먹음으로써 중독될 수 있다.
- 증상 : 경련, 강직, 출혈, 실신. 쥐약에 가장 흔히 포함되어 있는 와르파린이라는 독성 물질은 고양이의 혈액응고 능력을 무너뜨린다.
- 대처 방법 : 어떤 치료법을 쓸 것인가는 고양이가 섭취한 독극물의 활성 성분에 달려 있다. 가능한 한 빨리 삼킨 물질을 가지고 수의사에게 달려가라.

✚☠ **아연** 아연은 동전, 선블록, 샴푸 등 거의 모든 물건에 함유되어 있는 중금속으로, 심각한 내적 손상을 입힐 수 있다.

- 증상 : 중독이 경미할 경우에는 구토, 복통, 설사를 일으키며, 중독이 심화되면 심각한 빈혈, 허약 증상, 혈뇨, 장기부전이 발생한다.
- 대처 방법 : 곧장 수의사를 찾아가라. 중독 정도가 심할 때에는 치료를 해도 그리 효과가 없다.

그 밖의 위험 물질

반려동물을 키우는 사람이라면 집 안에 있는 화학약품이나 해로운 독성 물질을 치워두는 것이 현명하다는 것쯤은 이미 알고 있을 것이다. 그러나 우리가 일상생활에서 흔히 이용하는 것들이 고양이에게는 독극물이 될 수 있다는 점은 간과하곤 한다. 다음은 고양이의 신경체계에 심각한 손상을 입힐 수 있는 위험 물질들이다.

술 소량이라도 고양이에게는 독극물이나 마찬가지다.

카페인 대단히 해롭다. 고양잇과 동물에게 카페인이 함유된 음료나 차, 커피, 커피 가루 등을 주면 안 된다.

초콜릿 순도가 높을수록 고양이에게는 더욱 치명적이다. 가령 밀크초콜릿보다 제과용 다크초콜릿이 훨씬 위험하다.

백합 백합, 참나리, 원추리 등의 모든 부위는 고양이에게 유해한 성분을 함유하고 있다. 백합꽃을 먹으면 고양이는 신장부전을 앓게 되며, 아무런 후속 조치가 이루어지지 않을 경우 사망에까지 이를 수 있다.

마카다미아 이 견과류에 함유된 미지의 독성 물질은 경련, 절뚝거림, 관절 강직, 고열증을 일으킬 수 있다.

좀약 고양이가 좀약을 먹으면 생명을 위협할 정도의 심각한 간 손상을 입을 수 있다.

동전 아연 성분 비율이 높은 동전은 고양이에게 매우 유독하다.

소나무 기름 세척제에 함유되어 있는 경우가 많은데, 복통에서 장기 손상에 이르기까지 다양한 증상을 야기할 수 있다.

포푸리유 마셨을 경우 내상과 화학적 화상을 입을 수 있으며, 몸에 묻으면 염증을 일으킬 수 있다.

담배 담배에 함유되어 있는 니코틴은 고양이의 신경 및 소화체계에 지장을 주며, 심박수를 증가시키고 의식불명, 심지어 죽음에까지 이르게 할 수 있다. 또한 최근의 연구에 의하면 간접흡연을 하는 고양이는 그렇지 않은 고양이에 비해 악성 림프종과 같은 암에 걸릴 확률이 두 배나 높다고 한다.

> 🔆 **전문가의 tip**
>
> 고양이가 위 물질들을 섭취할 확률은 예상보다 훨씬 높다. 몸단장을 하는 과정에서 자신의 발이나 몸에 묻어 있는 물질을 핥게 되기 때문이다. 그러므로 이러한 것들을 바닥에 엎지르거나 고양이의 몸에 이물질이 묻어 있다면 즉시 닦아주어야 한다.(154쪽 '목욕' 참조)

구토 유도 방법

고양이의 체중 약 2킬로그램당 3퍼센트 과산화수소수 1티스푼(5ml)을 먹인다. 고양이가 토할 때까지 이 과정을 10분마다 반복한다. 그러나 세 번 이상 반복하지는 말라. 수의사의 지시가 아니라면 사람이 먹는 구토 유발용 시럽을 주어서도 안 된다. 자칫하면 고양이에게 유독한 영향을 미칠 수 있다.

신체적 외상

아무리 실내에만 머무른다 해도 고양이는 때때로 끔찍한 상해를 입을 수 있다. 험하고 궂은 날씨나 개와의 싸움 등 원인은 매우 다양하다. 이 같은 일이 발생했을 때 가장 중요한 첫 번째 단계는 주인의 신속하고 단호한 판단과 행동이다.

> ⚠ **주의**
>
> 상처를 입었을 때 고양이의 가장 본능적인 반응은 안전한 곳으로 도망가는 것이다. 어쩌면 당신의 손이 닿지 않는 곳으로 말이다. 고양이를 안전한 장소로 데리고 간 다음 부드러운 말투로 달래주어라. 무엇보다 고양이를 안심시켜 차분하게 만드는 것이 가장 중요하다.

> 💡 **전문가의 tip**
>
> 일각을 다투는 응급 사태라든가 고양이의 성격이 매우 침착하고 고분고분하지 않은 한, 집에서 응급 조치를 하려 들지 말고 최대한 빨리 전문가의 도움을 받는 것이 좋다. 대부분의 경우 겁을 먹고 저항하는 고양이에게 '도움'을 주려는 시도는 귀중한 시간을 낭비하고 상처를 악화시킬 뿐이며, 어쩌면 당신 역시 몇 군데 상처를 입게 될지도 모른다.

✚☻ **기도폐색(질식)** 부상을 입거나 삼킨 물건이 목에 걸렸을 때, 또는 심한 알레르기로 인해 발생한다. 만약 고양이의 기도에 무언가가 걸려 몇 분 이상 숨을 쉬지 못한다면 수의사의 도움을 구하라.(231쪽 '하임리히 구명법' 참조)

✚☻ **골절** 먼저 고양이를 진정시켜라. 부목을 대지는 말라. 뼈가 부러져 피부를 뚫고 나온 개방골절의 경우에는 상처를 붕대나 깨끗한 천으로 덮어둔다. 고양이가 저항을 할 경우에는 몸에 수건을 둘둘 감아 고양이나 당신이 본의 아니게 상처를 입지 않도록 방지한다. 당장 수의사에게 연락하라.

✚☻ **다른 고양이에게 물린 상처** 고양이가 다른 고양이에게 물렸을 경우 감염 및 심각한 고열이 있을 수 있다. 뿐만 아니라 고양이의 입속에 상주하고 있는 박테리아가 희생양이 된 고양이를 감염시켜 고름이 가득한 농양을 야기할 수 있다. 다행스럽게도 농양은 적절한 세척과 항생제로 치료가 가능하다.

> ⚠ 주의
>
> 고양이에게 물린 사람 역시 전문가의 도움을 받아야 한다.

✚☻ **개에게 물린 상처** 아무리 사소해 보일지라도 개에게 물린 상처는 반드시 수의사에게 보여야 한다. 개의 강인한 턱은 고양이의 근육을 손상시

> ⚠ 주의
>
> 어떤 동물에게 물렸는지 모를 경우에는 상처의 깊이에 상관없이 즉시 수의사를 찾아가 검사를 받기 바란다.

키고 내부 장기에 상처를 입힐 수 있으며, 상처가 감염될 수도 있다.(이는 상처를 입은 지 약 24시간 뒤에 확인할 수 있다.)

✚☠ **전기충격** 입, 혀, 발에 전기적 화상을 입을 수 있다. 당장 동물병원으로 데리고 가라.

✚ **안질환** 갑자기 사시가 되거나, 눈물을 지나치게 많이 흘리거나, 계속해서 눈을 감고 있는 등 눈에 조금이라도 이상이 생기면 즉각 동물병원으로 데려가라. 절대 혼자서 이물질(금속이나 가시 등)을 제거하려고 시도하지 말라.

✚☠ **일사병** 평소보다 맥박이 빨라지고, 헐떡거림이나 무기력 증세가 심할 경우 일사병을 의심해야 한다. 일사병에 걸릴 경우 체온이 약 41도까지 상승할 수도 있다. 이때는 고양이를 뜨거운 곳에서 재빨리 끄집어내 시원한 목욕(냉수 목욕은 안 된다.)을 시키거나 시원한 물에 적셔준다. 물에 적신 차가운 수건으로 덮어주어도 좋다. 그리고 즉시 수의사를 찾아간다.

✚☠ **극심한 출혈을 동반한 심각한 상처** 상처를 깨끗한 수건으로 눌러 지혈시킨다. 지혈대는 절대 하지 말고, 당장 동물병원으로 달려간다.

✚☠ **심각한 외상·교통사고** 고양이가 도망치거나 당신에게 상처를 입히지 못하도록 몸을 수건으로 감싼 후, 깨끗한 천으로 상처를 눌러 출혈을 멈춘다. 즉시 수의사의 도움을 구한다.

✚☠ **독거미** 모든 고양이들은 심지어 실내 고양이라고 해도 이 같은 독충이 살고 있는 위험한 장소를 찾아내고야 만다. 고양이가 독거미에 물린 것 같다면 곧장 의학적 도움을 구하라.

기생충

체내 및 체외 기생충은 고양이의 생체 조직을 침범하여 활동을 방해하고 불편함과 불쾌함을 초래할 수 있으며, 생명에 위협을 줄 수도 있다. 다행히도 기생충 문제는 대부분 세심하고 철저한 관리와 적절한 의료 조치를 통해 예방 또는 완치가 가능하다.

체내 기생충

✚☠ **구포자충** 단세포의 장내 기생충으로, 대개 성묘에게는 그리 위험하지 않으나 새끼 고양이에게는 심각하고 생명을 위협할 수 있는 출혈성 설사를 야기할 수 있다. 신속한 치료로 해결할 수 있다.

✚ **편충** 단세포의 편모충으로 고양이의 장내에 서식한다. 음식물로부터 영양소를 흡수하는 장기의 능력을 저하시킨다. 적절한 치료 및 투약으로 제거할 수 있다. 사람이나 개과 동물 또한 편충이 있을 수 있지만 같은 계통인지는 불분명하다.

✚☠ **심장사상충** 모기가 옮기는 길이 30센티미터가량의 기생충으로, 심장에 기생하며, 심장과 폐 모두에 매우 극심한 손상을 입힌다. 고양이는 개만큼 심장사상충에 쉽게 감염되지는 않지만, 만약 감염되면 목숨을 잃을 수 있다. 진단이 어렵고 치료법 또한 굉장히 위험하다. 최선의 방법은 고양이에게 심장사상충 예방주사를 꼬박꼬박 맞히는 것이다.

✚☠ **회충** 소장에 서식하는 10~15센티미터 길이의 기생충으로, 숙주인 고양이가 흡수해야 하는 영양소를 교묘하게 가로챈다. 새끼 고양이에게서 가장 흔히 발견되는 기생충이며, 배가 볼록하게 튀어나오는 증상으로 발견할 수 있다. 대개 구토물이나 배설물에서 발견된다. 구제하지 않고 내버려두면 고양이에게 극심한 불편을 초래하며, 아주 드문 경우지만 사망으로까지 이어지기도 한다. 구충제로 제거가 가능하다. 사람에게도 전염될 수 있다.

✚ **촌충** 벼룩, 배설물, 그리고 고양이가 집 밖에서 잡아먹은 '사냥감'을 통해 이 기생충의 알에 감염된다. 촌충에 감염된 고양이는 무기력증을 보이며, 일부는 아예 아무런 증상도 나타나지 않기도 한다. 고양이의 잠자리나 화장실, 또는 고양이의 몸에서 쌀알 모양의 촌충이 발견된다면 고양이가 촌충에 감염되었다는 확실한 증거가 된다. 구충제로 해결할 수 있다.

체외 기생충

✚ **귀진드기** 작고 거미처럼 생겼다. 고양이의 귓속에 살며, 피부를 통해 체액을 빨아먹는다. 귀진드기에 감염되면 귀가 간지럽고 불편하기 때문에 끊임없이 귀를 긁어대게 된다. 고양이들 사이에서 쉽게 전파되지만, 약물과 세심한 귀 세척을 통해 비교적 간단히 치료할 수 있다.

체내 및 체외 기생충

체외 기생충

① 귀진드기 : 내이에 염증을 일으킨다.

② 벼룩 : 성가시고 불쾌감을 주며, 새끼 고양이에게는 치명적일 수 있다.

③ 진드기 : 라임병을 옮길 수 있다.

④ 귀진드기는 물약으로 치료한다.

⑤ 벼룩이 있을 때는 일반적으로 샴푸와 약물, 연고를 사용한다.

⑥ 진드기는 족집게로 잡은 다음 알코올에 담가 죽인다.

체내 기생충

⑦ 구포자충 : 장내에서 발견된다

⑧ 편충 : 장내에서 발견된다.

⑨ 촌충 : 장내에서 발견된다.

⑩ 심장사상충 : 심장의 우심실에서 발견된다.

⑪ 회충 : 소장에서 발견된다.

⑫ 구충제로 기생충 예방 및 박멸이 가능하다.

✚ **벼룩** 건강한 성묘에게는 사소한 골칫거리에 불과하지만, 새끼 고양이나 허약한 성묘의 경우에는 지나친 혈액 손실로 인해 목숨을 위협받을 수 있다. 사람에게는 알레르기 반응은 물론 고양이 발톱병까지도 옮길 수 있다. 미약하거나 극심하지 않은 감염은 약용샴푸와 약물, 연고 등으로 치료할 수 있다. 적절한 치료법에 대해서는 수의사와 상담하라.

> ⚠ **주의**
>
> 애견용 벼룩약을 고양이에게 사용하면 안 된다. 자칫하면 심하게 앓을 수 있다.

✚ **진드기** 고양이는 몸단장이 상당히 까다롭고 꼼꼼한 동물이기 때문에 피를 빨아먹는 이러한 체외 기생충들을 알아서 제거할 수 있다. 그러나 진드기가 고양이의 혀가 미치지 못하는 머리 꼭대기나 발가락 사이에 서식할 수도 있다. 만약 외출 고양이를 키우고 있다면 고양이에게 진드기가 없는지 정기적으로 점검하기 바란다. 진드기가 있을 경우 족집게로 잡은 다음 알코올에 담가 완전히 숨을 끊는다. 사람에게 라임병[동물에 기생하는 진드기에 의해 감염되며, 홍반·발열·두통·근육통 등의 증상을 보인다.]과 같은 질병을 옮길 수 있으므로, 맨손으로는 절대로 만지지 말라.

행동 · 심리 장애

고양이에게는 신체적 질병뿐 아니라 행동이나 심리적 측면에서도 문제가 드러
날 때가 있다. 때로는 전문가의 도움을 빌려야 할 수도 있지만, 그 정도로 심각
한 상황에 이르는 경우는 매우 드물다.

공격성 주인뿐 아니라 다른 고양이에 대한 공격성, 두려움으로 인한 공격
성도 해당된다. 때로 이빨과 발톱을 드러내는 공격적인 놀이의 형태로 나
타나기도 한다. 간혹 지나친 사냥 본능이 원인일 수도 있으며, 놀이 시간
을 늘리거나 줄임으로써 문제를 해결할 수 있다. 만약 고양이의 공격성이
신체적인 위협이 될 정도에 이른다면 전문가의 도움을 받는 것이 좋다.

우울증 우리는 고양이의 정확한 감정 상태에 대해 알 길이 없다. 고양이
는 말을 할 수 없기 때문이다. 그러나 고양이는 종종 사람과 유사한 상황
에서 우울증에 가까운 행동을 보이곤 한다. 이를테면 반려인이나 짝을 잃
은 고양이들은 오랫동안 감정적 변화를 보이며, 수면 시간이 늘고 먹이
섭취량이 준다. 극단적인 경우 '슬픔'이 지나쳐 오랜 시간 동안 음식 섭취

를 거부함으로써 자해와 비슷한 행동을 하기도 한다.

섭식 장애 생리적인 이유가 없음에도 불구하고 먹기를 거부하는 고양이는 감정적으로 침울하거나 화가 많이 나 있는 상태일 수 있다. 또는 주인이 지나치게 다양한 식단을 주었을 때 흔히 볼 수 있듯이, 그저 입맛이 몹시 까다로운 성격일지도 모른다. 대부분의 경우 최선의 해결책은 문제가 발생하기 전에 미리 원인을 제거하는 것이다. 가령 약간의 변화를 주되 거의 언제나 동일한 형태의 먹이를 제공하는 식으로 말이다. 그러나 갑자기 식사를 거부하거나 식사 습관이 변한다면 일단 동물병원에 데려가 건강상의 문제가 없는지 확인하는 것이 좋다.

부적절한 빨기 완전히 젖을 떼기 전에 어미로부터 떨어진 새끼 고양이들은 주인의 피부나 손가락, 옷을 빠는, 이른바 '쭉쭉이'를 하기도 한다. 조금은 당황스럽지만 이런 무해하고 본능적인 행동을 바꿀 방법은 거의 없다.

강박적 행동 고양이의 강박행동은 사람과 거의 흡사하다. 이런 고양이들은 아무 의미도 없고 때로는 고양이 자신에게 해가 되는 특정한 행동에 집착한다.(지나친 몸단장, 털 뽑기 등) 때로는 격리불안이나 지루함, 스트레스 때문에 이러한 행동을 보일 수 있다. 약물을 비롯해 동물행동심리학자의 치료가 도움이 될 수 있지만, 사실 가장 단순한 해결법은 고양이에게 보다 많은 관심을 쏟는 것이다. 담당 수의사와 상의하라.

심신증 심신증이란 심리적 원인으로 인해 신체에 각종 증상이 일어나는 것을 말한다. 고양이도 스트레스로 인해 미약한 신체적 증상(복통, 방광염, 지속적인 구토 등이 있을 수 있지만 늘 그런 것은 아니다.)을 보이는 경우가 간혹 있다. 수의사의 검진 결과 특별한 신체적 이상을 발견하지 못했다면, 최선의 해결책은 고양이의 스트레스 수준을 낮추어주는 것이다.

하임리히
구명법

사람과 마찬가지로, 고양이의 목에 이물질이 걸렸을 경우 하임리히 구명법을 이용할 수 있다. 그러나 올바로 실시하지 못하거나 기도에 이물질이 없는 고양이에게 행할 경우에는 심각한 부상을 초래할 수도 있으므로 각별히 주의해야 한다. 즉, 고양이가 이물질을 삼키는 것을 직접 목격했거나 고양이가 호흡곤란을 느끼고 있을 때에만 이 방법을 사용하도록 하라.

1. 고양이가 목걸이를 하고 있다면 먼지 목걸이를 제거한다.

2. 고양이의 입을 벌리고 기도를 살펴본다.(그림 1) 기도를 가로막고 있는 이물질이 보이면(그리고 고양이가 가만히 있다면) 이물질을 제거한다.(그림 2) 하지만 이물질이 눈에 띄지 않는다면 절대로 손가락을 넣는 등 섣불리 제기하려 들지 말라. 특히 고양이의 혀 아래쪽에 있는 작은 뼈를 닭뼈로 오인할 수 있으므로 주의한다.

3. 고양이의 다리를 잡고 거꾸로 들어 올려 머리가 아래쪽으로 향하게 한

하임리히 구명법

그림 1
기도를 살펴본다.

그림 2
이물질 제거를 시도한다.

그림 3
고양이의
다리를 잡고
거꾸로 든다.

그림 5
하임리히 구명법을 실시한다.

그림 4
등을 두드린다.

[×3~5]

다.(그림 3) 때로는 이런 자세를 취하는 것만으로도 이물질이 기도에서 빠져나올 수 있다.

4. 고양이를 거꾸로 드는 대신, 고양이의 견갑골 사이를 손으로 세게 두드린다.(그림 4) 이러한 방법을 동원했음에도 이물질이 밖으로 나오지 않으면, 하임리히 구명법을 실시한다.(그림 5)

5. 고양이의 허리에 팔을 두르고, 꼭 껴안듯이 자신의 몸 쪽으로 잡아당긴다. 이때 주먹은 갈비뼈 바로 아래에 위치하도록 한다.

6. 네다섯 번 정도 주먹으로 고양이의 가슴을 빠르고 힘 있게 압박한다.

7. 이물질이 확실히 빠져나왔는지 고양이의 입속을 들여다본다. 성공하지 못했다면 앞의 동작을 되풀이한다.

💡 전문가의 tip

하임리히 구명법을 사용하여 이물질을 빼냈다 하더라도 고양이를 수의사에게 데려가야 한다. 이 방법은 고양이에게 내상을 입힐 수 있기 때문이다.

인공호흡·심폐소생술

호흡이나 심장이 멈추었을 경우, 간혹 인공호흡과 심폐소생술(CPR)로 소생시킬 수 있다. 그러나 이 방법은 고양이가 호흡을 멈추었을 때에만 사용해야 하는 최후의 수단이다. 고양이의 왼쪽 가슴에 손을 올려 심장이 뛰고 있는지 확인한다.(만일 맥박이 뛰고 있다면 고양이가 숨을 쉬고 있다는 증거다.) 또는 고양이의 코 앞에 거울을 가져다 대고 입김이 서리지 않는지 관찰한다.(조금이라도 김이 서린다면 고양이가 아직 호흡을 하고 있다는 의미다.) 고양이의 코앞에 약솜을 가져다 대서 솜의 미세한 섬유가 움직이는지 확인하는 방법도 있다.

1. 기도가 막히지 않았는지 살펴본다. 눈과 손가락으로 확인해 이물질을 제거한다. 필요하다면 하임리히 구명법을 실시하라.(231쪽 참조) 의식

> 💡 **전문가의 tip**
>
> 고양이는 사람과 달리 목에서 맥박을 감지할 수 없다. 고양이의 맥박을 재는 법은 200쪽을 참조하라.

인공호흡과 심폐소생술

그림 1
구강 대 구강 인공호흡

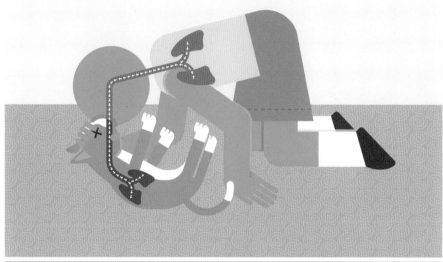

그림 2
흉부 압박

을 잃은 고양이라도 본능적으로 당신의 손을 깨물 수 있으니 주의하기 바란다. 이물질을 제거했음에도 여전히 숨을 쉬지 않는다면 다음 단계로 넘어간다.

2. 고양이를 들어 올린다. 목을 일자로 곧게 펴야 한다. 하지만 무리하게 늘리지 않는다.

3. 고양이의 입을 다물게 한 다음, 고양이의 코와 입에 자신의 입을 가져다 댄다.

4. 서너 번 정도 힘을 주어 재빨리 숨을 불어넣는다.(그림 1)

5. 호흡이 돌아왔는지 확인하고, 돌아오지 않았을 경우 4번 과정을 반복한다. 1분당 20~30번 정도 숨을 불어넣는다.

6. 1분 뒤에도 맥박이 잡히지 않는다면 인공호흡을 계속하는 한편, 심폐소생술을 실시한다.

7. 고양이를 평평하고 고른 바닥에 옆으로 누인다. 흉부 압박은 침대 같은 푹신한 바닥에서는 효과가 없다.

8. 고양이 옆에 무릎을 꿇고 앉는다. 손바닥과 손가락 끝을 고양이의 팔꿈치와 가슴이 만나는 지점의 갈비뼈 위에 올려놓는다. 1초에 두 번씩 약 2~3센티미터 깊이로 가슴을 압박한다.(그림 2) 또는 한 번 숨을 불어넣을 때마다 다섯 번씩 압박한다. 1분 뒤 맥박을 확인한다. 맥박이 잡히지 않는다면 계속해서 심폐소생술을 실시한다.

💡 전문가의 tip

전문가의 도움을 받을 때까지 계속해서 심폐소생술을 실시하라. 그러나 이 방법을 통해 고양이를 소생시킬 확률은 매우 적다는 사실을 미리 명심해두기 바란다. 심폐소생술을 20분 이상 시행하고도 반응을 보이지 않을 경우에는 설사 전문가가 개입한다 하더라도 다시 살아날 가능성이 거의 없다.

올바른
응급이송 방법

부상당한 고양이를 이송할 때에는 극도로 신중해야 한다. 심한 고통을 겪고 있는 고양이는 도움을 주려는 사람을 공격할 수도 있고, 자신의 몸 상태를 더욱 악화시킬 수도 있다. 다음은 고양이와 주인 양쪽 모두를 보호할 수 있는 올바른 응급이송 방법이다.

1. 상황을 살펴본다. 예를 들어 고양이가 자동차에 치였다면 고양이를 구하러 가기 전에 도로에 자동차가 없는지부터 확인한다.

2. 다친 고양이에게 천천히 접근한다. 만약 고양이가 위협하거나 으르렁거리거나 이빨을 내보이는 등 두려움 또는 공격성을 비친다면 매우 조심해야 한다. 주인을 신뢰하던 반려동물조차도 이런 상황에서는 매우 위험할 수 있다.

3. 고양이의 몸을 커다란 수건이나 담요로 둘둘 감싼다. 그러면 발톱에 긁히지 않고 고양이를 안전하게 다룰 수 있다.

4. 고양이가 숨을 쉬지 못하거나 출혈이 심하면 이송 도중 또는 그 전에 이 문제부터 해결하라.(231쪽 '하임리히 구명법', 221쪽 '신체적 외상' 참조)

5. 가능하다면 고양이를 이송하기 전에 동물병원에 전화를 걸어 심한 부상을 입은 고양이를 데리고 가는 중이라는 사실을 알려라. 고양이의 상태에 관한 필수적인 정보를 최대한 알려준다.

6. 몸이 흔들리지 않도록 최대한 조심스럽게 들어 올려 이동장이나 뚜껑이 있는 종이상자 안에 집어넣는다. 동물병원으로 향하는 내내 차분하게 달래준다.

Chapter 10

짝짓기·출산·여행·노년

경연대회

지금까지 고양이와 우정과 기쁨을 나누고, 고양이를 건강하고 현명하게 돌보며 삶을 함께하는 방법에 대해 살펴보았다. 이제부터는 반려묘 가족이라면 반드시 알아야 할 이러한 기본적인 정보에서 한 발 더 나아가, 캣쇼를 비롯해 임신과 출산, 여행 시 고양이를 데리고 교통수단을 이용하는 방법, 나이 든 고양이를 돌보는 방법 등에 대해 살펴보자.

자신의 고양이를 다른 애묘인들의 고양이와 견줘보고 싶다면 캣쇼야말로 최적의 기회라 할 수 있다. 전국적인 규모에서부터 지역별 모임에 이르기까지 수많은 조직과 기관에서 개최하는 고양이 경연대회는 단순히 경쟁의 장을 넘어, 동료의식을 나누고 유용한 정보를 교환하는 자리이기도 하다. 미국의 경우, 전국적인 규모를 자랑하는 이런 단체로는 고양이애호가협회가 대표적이다. 이 협회는 매년 가을 세계 최대의 캣쇼를 개최하는데, 미 전역에서 1,300마리 이상의 순종 고양이들이 참가한다.(국내 캣쇼의 경우 262쪽 참조)

캣쇼의 세계는 매우 넓고 복잡하기 때문에 여기서는 대략적으로만 간단히 살펴보도록 하겠다. 만약 자신이 순종 고양이를 키우고 있다면 적절한 증빙서류를 갖추고 있을 것이며, 따라서 주최측으로부터 참가 승인을 받을 수 있다.

일부 협회에서는 발톱을 제거한 고양이는 인정하지 않는다. 캣쇼에 출전한 고양이는 '품종 표준'[breed standard. 특정 품종의 순종 고양이가 갖춰야 할 신체적 특성을 매우 구체적으로 나열한 것]을 기준으로, 해당 품종의 표준에 얼마나 부합하는지에 따라 심사를 받게 된다. 증빙서류가 없는 비표준 품종을 대상으로 한 캣쇼도 많이 열리는데, 이 경우에는 미모와 미용 상태, 성격을 기준으로 평가받게 된다.

캣쇼는 이러한 분위기에 익숙하지 못한 고양이들에게는 매우 소모적이고 위협적인 환경으로 느껴질 수 있다. 그러므로 이런 행사에 고양이를 참가시킬 때에는 그 분위기에 익숙해지도록 점진적으로 적응시켜야 한다. 가장 바람직한 첫 번째 단계는 주인 혼자 대회에 참석해 분위기를 몸소 체험해보는 것이다. 그런 다음 고양이가 '대기 우리'(benching cage. 캣쇼에 참가하는 고양이가 대기하는 작은 금속 장)에서 시간을 보내고 낯선 사람들의 손길에 익숙해지도록 훈련시킨다. 만약 이러한 활동을 즐기지 않거나 참아내지 못한다면 포기하는 것이 좋다.

> **💡 전문가의 tip**
>
> 캣쇼에 참가했을 때에는 고양이 주인의 허락 없이 절대로 다른 고양이에게 손대지 말라. 접촉은 병균을 옮길 수 있고 고양이의 심리 상태를 동요시킬 수 있으며, 정성 들여 다듬은 털 모양을 흐트러뜨릴 수 있다.

짝짓기에서
출산까지

고양이의 짝짓기와 번식은 여러 가지 이유로 대부분의 수의사들에게는 그다지 환영받지 못한다.(그중에서 가장 큰 이유는 고양이 개체수 과잉을 꼽을 수 있다.) 그러나 만약 순종 고양이를 기르고 있다면(간혹 순종 고양이는 최소 한 번 이상 새끼를 낳아야 한다는 조건 아래 분양된다.) 짝짓기와 임신 및 출산 과정에 대해 간략하게나마 살펴볼 필요가 있다.

알맞은 짝 고르기

새끼 고양이는 부모의 성격 및 신체적 특성(결점을 포함하여)으로부터 커다란 영향을 받기 때문에 튼튼하고 강인한 짝짓기 상대를 고르는 것이 중요하다. 다음은 짝을 고를 때 고려해야 할 중요한 요소들이다.

- 경험이 많고 신뢰할 수 있는 브리더로부터 짝짓기 상대를 구하라. 수고양이에게 지불할 비용도 마련해야 한다.
- 짝짓기 상대가 신뢰할 만한 브리더 협회에 등록되어 있는지 확인하라.

- 아버지가 될 고양이의 유전적 특성을 철저하게 분석하라. 수고양이의 혈통에 관한 정보를 구할 수 없다면 신중에 신중을 기해야 한다.
- 유전적 기형이 나타날 기미가 없는지 짝짓기 상대를 세심하게 관찰하라. 궁금한 점이나 미심쩍은 부분이 있다면 수의사에게 도움을 구한다.
- 새끼 고양이에게 유전될 수 있는 성격상의 결점이 있는지 살펴보라. 특히 짝짓기 상대가 지나치게 겁이 많거나, 사람들과 함께 있을 때 눈에 띄게 초조해하는 기색을 보인다면 주의하는 것이 좋다.
- 자신의 고양이가 짝짓기 경험이 없는 암컷이라면 경험이 풍부한 수컷과 짝을 지어주도록 한다. 마찬가지로 경험이 없는 수컷은 짝짓기 경험이 많은 암컷과 짝을 짓는 게 좋다.

짝짓기

암고양이들은 대부분 1년에 서너 번 이상 발정기에 들어선다. 이런 현상은 계절에 맞춰 주기적으로 발생하는데, 대부분의 경우 1~4월 사이, 4~9월 사이에 발정기가 찾아오며, 10~12월 중에는 매우 드물다. 짝짓기 시기는 약 2주 동안 지속되지만 암컷의 임신이 가능한 시기는 그중 2~4일에 불과하다.

이 시기 동안 암컷 고양이는 수컷을 받아들일 수 있게 된다. 암컷은 평소보나 과하게 애정을 표현하고 높은 목소리로 수컷들을 부름으로써 자신이 준비가 되어 있음을 알린다. 암컷이 이러한 행동을 보인다면 수고양이에게 데려가 짝을 지어줄 수 있다. 수컷이 암고양이의 거주지에 와서 짝짓기를 하는 법은 거의 없다. 새로운 환경에 놓인 수컷이 주변 환경을 탐색하느라 귀중한 시간을 흘려버릴 수 있기 때문이다. 두 마리가 어느 정도 뜻이 맞다면(암컷이 수컷에게 접근하고 수컷이 이를 받아들일 경우), 교미가 이루어진다. 수컷은 재빨리 암컷에게 올라타 목 뒤를 발로 붙잡거나 문 채 재빨리 사정한다. 수고양이의 성기 끝에는 암컷의 배란을 촉진하는 돌기가 달려 있는데, 이 돌기는 성기를 빼낼 때 암컷을 아프게 하기 때문에 수컷은 공격을 당하지 않기 위해 사정이 끝나면 서둘러 뒤로 물러나곤 한다.

이상적으로는, 암컷이 수컷의 접근을 거부할 때까지 두 마리가 최대한 시간을 함께 보내는 것이 좋다. 고양이는 하루에 서너 번 정도 교미가 가능하다.

> **💡 전문가의 tip**
>
> 암고양이는 한 마리 이상의 수컷에 의해 임신할 수 있다. 이론적으로는 한배에서 난 새끼 다섯 마리의 아버지가 모두 다를 수도 있다.

임신

고양이의 임신 기간은 약 9주다. 임신 2주째가 되면 젖꼭지가 눈에 띄게 불그스름해진다. 대략적인 예정일을 알기 위해서는 어미의 몸에 나타나는 변화를 눈여겨 관찰해야 한다. 새끼는 그러한 현상들이 나타난 지 약 6주 후에 탄생한다. 임신 기간 동안 암컷은 1~2킬로그램 정도 체중이 분다. 임신 중 먹여야 할 식이보충제에 대해서는 수의사와 상의하라.

임신 중의 건강

임신 후 24~28일이 지나면 수의사는 복부 촉진으로 태아를 확인할 수 있으며, 45일 후에는 엑스레이로 검진이 가능하다. 초기 진단은 초음파를 사용하는데, 숙련된 수의사라면 능숙하게 태아의 상황을 확인해줄 수 있을 것이다.

임신 초기에 일부 암고양이들은 임산부가 입덧을 하는 것처럼 미약한 복통을 느낄 수 있다. 대개 이 단계는 아무런 문제 없이 빠른 시일 내에 지나간다. 태아가 성장하면서 암컷은 변비를 경험할 수도 있으므로 이 같은 일이 발생하면 수의사와 상의하라.

출산 준비

임신한 고양이가 실내 고양이가 아닐 경우 분만일이 다가오면 최소한 2주 전부터는 실내에서만 생활하도록 한다. 집고양이는 대부분 집에서 분만을 하지만 수의사와 상의를 하는 것이 좋다.

예정일을 약 2주 정도 앞둔 시점이 되면 어미가 될 암컷 고양이에게 '분만상자'를 마련해준다. 새끼가 어미가 함께 편안하게 쉴 수 있을 만한 크기의 마분지 상자면 되는데, 입구를 커다랗게 뚫어 어미가 자유롭게 드나들 수 있게 하되 상자 벽의 높이를 넉넉하게 잡아(약 10센티미터) 새끼 고양이들이 상자를 탈출할 수 없게 만든다. 바닥에는 수건이나 천, 신문지 등을 깔아 푹신하게 만들어주고, 조용하고 사람들의 접근이 적으며 어미에게 익숙한 장소에 놓아둔다. 만약 어미가 상자를 놓아둔 곳보다 다른 장소를 더 좋아한다면 그곳으로 상자를 옮겨준다. 상자 위 약 10센티미터 높이에 적외선 램프를 켜두면 더욱 좋다.

분만

대부분의 고양이는 사람의 도움 없이도 혼자서 새끼를 낳을 수 있다. 진통은 약 6시간 전부터 시작되며, 산기를 느낀 암고양이는 스스로 분만상자에 자리를 잡을 것이다. 숨을 헐떡이고 가르랑거리다 보면 진통이 점차 심해지고, 약 15~30분 간격으로 디욱 강력한 진통이 찾아오게 된다. 진통 간격이 점차 줄어들이 15초 정도가 되면 얼마 지나지 않아 얇은 막에 싸인 첫 번째 새끼가 태어난다.

일단 새끼가 태어나면 어미는 막을 찢고 탯줄을 씹어 끊어낸 다음, 새끼의 호흡을 돕기 위해 온몸을 열심히 핥는다. 새끼가 모두 태어나고 나면 곧이어 각각의 태반도 빠져나온다. 이 과정이 모두 끝나면 새끼들은 어미 젖을 빤다. 이렇

> ⚠ **주의**
>
> 출산 경험이 없는 어미들은 태낭을 찢거나 탯줄을 씹어 끊어내야 한다는 사실을 모를 수도 있으므로, 도움을 줄 준비를 하고 대기하라.

게 태어나서 처음 빠는 젖, 즉 초유야말로 새끼 고양이들이 중요한 항체를 몸 안에 받아들이고 영양소를 섭취할 수 있는 수단이다.

여행

고양이와 함께 여행을 할 때에는 아래 지침에 따라 고양이의 부상과 스트레스를 최소화하는 것이 좋다. 그러나 명심할 점은 사실상 대부분의 고양이들이 집에 머무르기를 선호한다는 것이다. 가능하다면 여행을 간 사이 고양이를 돌봐줄 사람을 구하는 편이 나을 것이다.

자동차 여행

자동차로 고양이를 이동시킬 때에는 튼튼하고 편안한 이동장 안에 고양이를 넣어둔다. 고양이는 대개 자동차를 극도로 싫어하기 때문에, 여행을 떠나기 몇 시간 전에 고양이에게 이동장을 보여주고 거기에 익숙해지도록 하는 것이 좋다. 어쩌면 고양이에 따라서는, 집을 떠나기 전 얼마 동안 (물과 화장실이 있는) 특정 장소에 가두어두고 도망치지 않도록 해야 힐 수도 있다.

바구니나 상자에 고양이에게 익숙한 담요를 깔고 고양이를 안에 집어넣는다. 고양이가 자동차를 얼마나 싫어하느냐에 따라 이 일은 쉬울 수도 있고 아니면 무척 어려울 수도 있다. 고양이가 여행 내내 끊임없이 울어댈지도 모른다는 사실 또한 미리 숙지해두기 바란다. 자신의 고양이가 이런 긴 여행에 어떤 반응을 보일지 모르겠다면 그전에 미리 짧은 여행에 데리고 가보기를 권한다. 주인은 이를 계기로 고양이의 성격을 이해할 수 있고, 고양이에게는 새로운 상황에 익숙해질 기회가 될 수 있다.

여행이 한 시간 이상 걸릴 경우에는 고양이를 위해 물과 작은 화장실 상자를 준비하라. 그리고 일정한 시간마다 자동차를 갓길에 세우고 창문을 모두 닫은 다음, 고양이를 이동장에서 꺼내 차 안에서 자유롭게 뛰어다닐 수 있게 (그리고 화장실을 이용할 수 있게) 해준다. 하지만 자동차가 움직이고 있는 동안에는 목줄을 채운 상태가 아니라면 절대 차 안에서 돌아다니게 하면 안 된다. 교통사고의 원인이 될 수 있다.

> **⚠ 주의**
>
> 절대로, 무슨 일이 있더라도 고양이를 혼자 차 안에 내버려두면 안 된다. 주차된 자동차의 내부 온도는 순식간에 숨 쉬기 힘들 정도로 상승할 수 있기 때문에 고양이에게 스트레스는 물론이고 고체온증, 일사병, 혹은 그보다 더 나쁜 결과를 불러올 수 있다.

비행기 여행

비행기 여행은 고양이가 이동장에 담긴 채로 주인과 함께 객실에 타는 것이 가장 좋다.(항공업계 관행상 이동장은 좌석 밑에 넣어두어야 한다.) 그러나 불행히도 고양이는 화물칸에 태워야 한다는 새로운 규정을 채택하는 항공사가 늘어나면서 고양이와의 여행은 점점 더 어려운 일이 되고 있다. 화물칸은 힘들고 무섭고 위험한 곳이다. 또한 비행기가 연착되거나 오랫동안 대기해야 할 경우에는 고온으로 인해 목숨을 잃을 수도 있다. 항공사의 실수로 고양이가 다른 목적지에 도착하는 경우가 왕왕 생기기도 한다.

그러므로 고양이를 데리고 항공기로 여행을 하는 일은 최대한 피하는 것이 좋다. 만일 피치 못할 사정으로 그것 말고는 방법이 없다면 자신이 선택한 항공

고양이와 함께 여행하기

자동차 여행

비행기 여행

사의 반려동물 이송 절차를 미리 숙지해두어야 한다. 미리 작성해놓은 서류가 없다면 항공사와 협력 관계에 있는 반려동물 이송업체와 접촉하여 필요한 서류 작업을 모두 완료해둔다. 될 수 있는 한 직항기를 선택하고, 지나치게 덥거나 추운 시기는 피하라. 가능하다면 고양이와 같은 항공기를 타고, 한 명 이상의 승무원이나 기장에게 화물칸에 고양이가 타고 있음을 알려라. 이동장에 넣기 약 2시간 전에 고양이에게 약간의 음식과 물을 먹인다. 물론 비행기를 타기 전에 볼일도 미리 봐두도록 한다.

⚠ 주의

수의사들이 여행 전에 안정제를 투여할 수도 있지만, 그런 경우 고양이는 익숙하지 않은 약물에 취한 채로 화물칸에 갇혀 있는 신세가 된다. 또한 도움의 손길이 닿지 않는 곳에서 뭔가가 잘못될 수도 있으므로, 사전에 안정제의 장단점에 대해 수의사와 충분히 상의하기 바란다.

⚠ 주의

페르시안처럼 입이 납작한 종은 무슨 일이 있어도 절대 여객기의 화물칸에 태우면 안 된다. 구강 구조상 최상의 환경에서도 호흡 능력이 떨어지기 때문에, 비행기 화물칸에 탈 경우 어떻게 될지는 설명할 필요조차 없을 것이다.

고양이의 노년

비극적인 사고로 인한 부상이나 질병만 없다면 대부분의 고양잇과 동물들은 아주 우아하게 나이를 먹는다. 너무나도 우아해서 보통 사람들은 다섯 살짜리 어린 고양이와 열다섯 살짜리 나이 든 성묘를 구분하지 못할 정도다. 그러나 신체기능은 유전 및 환경적 요소에 의해 점차 노화하게 된다.

고양이가 열 살 이상 나이를 먹으면 '노인'이라고 불러도 무방할 것이다. 그러나 나이가 든다고 해서 끊임없이 신체적 문제가 나타나는 것은 아니다. 이를 예방하기 위해서는 고양이의 외양과 행동거지를 언제나 세심하게 관찰하고, 수의사에게 정기적인 검사를 받는 것이 좋다.(나이가 많은 고양이의 경우에는 1년에 두 번 정도가 적절하다.) 고양이는 나이가 들면 운동량이 줄어 필요로 하는 칼로리의 양도 적어지지만, 신진대사 능력도 그만큼 저하되기 때문에 품질 좋은 사료가 필요하다.

노년성 기능 장애

- 점진적인 청력 감소

- 노인성 원시(멀리까지 볼 수 있는 능력은 대개 영향을 받지 않는다.)
- 간기능 및 신장기능 쇠퇴
- 장기능 저하
- 모피 탈색
- 점진적인 체중 감소 및 근육량 유실
- 요로폐색
- 스트레스에 대한 취약성 증가
- 수면 시간 증가
- 운동기능 및 활동성의 점진적인 쇠퇴

노화와 죽음

항간에 널리 퍼진 믿음과는 달리 고양이는 목숨이 아홉 개가 아니다. 고양잇과 동물은 적절하게 보살피기만 한다면 15년 이상 함께 지낼 수 있다. 물론 그보다 훨씬 오랫동안 곁에 있더라도 그 시간은 여전히 신기할 정도로, 그리고 가끔은 가슴이 아플 정도로 짧게 느껴질 테지만 말이다.

수명이 다한 자동차나 텔레비전, 컴퓨터는 새것으로 대체하면 그만이지만 고양이는 전혀 그렇지 않다. 고양이는 단순히 실리적인 목적을 떠나, 우리의 동료이자 친구이자 반려이자 가족이기 때문이다. 이 소중한 벗과 헤어질 시간이 다가올수록 주인은 마음 깊이 동요하게 될 것이다. 그러나 그때는 충성스러운 고양이 친구에게 가장 훌륭하고 질 높은 돌봄을 베풀어야 하는 시기이기도 하다.

경우에 따라 다르겠지만, 나이 든 고양이는 살아 숨 쉬는 한 비교적 훌륭한 건강 상태를 유지하고 만성질환이나 극심한 고통을 겪지 않아야 한다. 다행스럽게도 거의 모든 고양이들이 이런 경우에 해당한다. 노년성 질환에 걸린 고양이는 젊었을 때만큼 높이 뛰어오르거나 활발하게 장난을 치지는 못하겠지만, 인지능력과 운동능력만큼은 약간의 도움만 주어진다면 충분히 기능할 수 있을 정도로 유지한다. 그보다 더 좋은 점은 고양이가 자신의 변화를 만족스럽게 받아들이리라는 것이다. 고양이에게는 인간의 회한이나 가슴 아린 향수에 상응하는 것이 존재하지 않는다. 나이 든 고양이는 지난날을 그리워하거나 남은 날들을 떠올리며 침울해하지 않는다. 고양이는 바로 지금, 현재를 살아가는 동물이다.

고양이가 마지막 시간들을 어떻게 보내게 해주어야 할지를 고민할 때, 이는 무척 중요한 사실이다. 일부 나이 많은 고양이들은 스스로 선택한 시간에 자신의 기능을 멈춘다. 그러나 노령으로 인해 건강을 잃고 극심한 통증을 겪게 될 경우, 주인들은 고양이에게 가장 좋은 일이라고 생각되는 행동을 취해야 할 것이다. 가령 불치병에 걸려 고통스러워하는 고양이는 '말기 환자용' 간병을 받아야 하는데, 이 경우 주인은 (수의사의 도움하에) 고양이의 고통을 관리해야 한다. 치료가 불가능하므로 근본적으로 문제를 해결할 수도 없다. 인간이 할 수 있는 일이라고는 고통과 불편함을 덜어주고, 마지막 순간까지 집에서 편안하고 따뜻한 환경 속에서 여생을 마칠 수 있게 해주는 것뿐이다.

고통과 무력함이 행복과 편안함을 능가하게 되면, 그리고 더 이상 회복에 대한 희망이 보이지 않는다면 안락사를 고려하는 것이 좋을 수도 있다. 안락사는 고통이 수반되지 않으며, 동물병원이나 때로는 고양이가 살고 있는 집에서 실시할 수도 있다. 적절한 순간에 마취제를 과다 투입하면 고양이는 즉시 무의식 상태에 빠져들고, 곧 죽음에 이르게 된다.

반려 고양이가 떠나간 후의 삶에 적응하는 것은 무척 힘든 일이다. 주인들은 대부분 사랑하는 사람들을 잃었을 때처럼 오랫동안 반려 고양이를 추도한다. 그러나 이런 감정은 전혀 이상한 것이 아니다. 시간이 지나면 상실의 고통도 지나갈 것이다. 그리고 그 빈자리는 곧 결코 바래지 않을 즐거운 추억들로 채워질 것이다.

부록

- 고양이의 문제 행동 솔루션
- 도움을 받을 수 있는 단체
- 용어 정리

고양이의 문제 행동 솔루션

고양이에게 흔히 나타나는 문제 행동과 특이한 버릇 등 고양이를 키우는 이들이 빈번하게 묻는 질문과 그에 대한 대답을 모았다. 고양이에게 문제가 생기면 가장 먼저 이 부분을 찾아보라.

🐾 나무 위에 올라가 내려오지 못한다

고양이는 신체구조상 나무를 탈 때는 비교적 간단히 올라가지만, 내려올 때는 어려움을 겪기 쉽다. 나무를 오를 때는 강력한 뒷다리와 안쪽으로 휘어진 날카로운 발톱을 이용해 자세를 잡지만, 내려올 때에는 힘이 약한 앞다리와 반대쪽을 향하고 있는 발톱을 이용해야 하기 때문이다. 그러나 고양이가 나무에서 내려오지 못한다고 해서 굳이 소방관을 부를 필요까지는 없다. 고양이의 놀라운 균형감각이 추락을 막아줄 테니 말이다. 어느 정도 시간이 지나면 혼자 힘으로 나무를 내려올 수 있다. 비록 뒷걸음질을 쳐서 내려와야 할 수도 있지만 말이다.

🐾 집에 죽은 쥐나 새를 가져다 놓는다

고양이는 조직적 구조를 이해하지 못하지만 그럼에도 주인을 한 가족으로 인식한다. 이런 행동은 고양이가 당신에게 사냥감을 나누어줌으로써 경의를 표하는 것이다. 죽은 동물을 발견하더라도 놀라서 비명을 지르지 말고, 조용히 시체를 치운 후 고양이가 혼자서 자유롭게 바깥을 돌아다니지 못하도록 하라.

🐾 고양이가 자신을 무서워하거나 싫어하는 사람들은 쫓아다니며 괴롭히고, 자신을 좋아하는 사람들은 무시하거나 다가가지 않는다

고양이를 좋아하는 사람들은 고양이를 빤히 바라보는 경향이 있다. 그러나 불행히도 이렇게 강렬하고 단호한 눈빛은 고양이 세계에서는 공격적인 도전으로 여겨진다. 그러므로 고양이가 자신에게 지나치게 관심을 쏟는 사람들로부터 달아나려고 하는 것은 당연하다. 반대로 고양이는 자신과 눈을 마주치지 않는 사람들에게 매력을 느낀다. 심지어 그들이 고양이를 보는 것조차 싫어하기 때문에 그러는 것일지라도 말이다.

🐾 고양이가 내 이성 친구를 좋아하지 않는다

고양이가 주인의 새 남자친구나 여자친구를 싫어하는 것은 그리 드문 일이 아니다. 이런 경우 고양이는 매우 부적절한 방법으로(으르렁거리거나 그 사람의 물건에 오줌 누기 등) 불쾌감을 표현하는데, 사실 이런 문제를 해결하는 것은 별로 어렵지 않다. 새로운 인물이 입던 옷가지를 고양이의 먹이그릇 가까이에 놓아두거나, 그 사람의 옷을 입고 고양이를 안아주어라. 당사자에게는 고양이에게 먹이를 주거나 위협적이지 않은 방식으로 함께 놀아주라고 한다. 이런 방법으로 새로운 우정을 쌓거나, 최소한 고양이가 낯선 사람을 참아줄 수 있는 수준의 관계를 구축할 수 있다.

🐾 커튼을 기어오른다

커튼에 미끄러운 봉을 세워, 고양이가 커튼을 타고 기어 올라가려고 하면 떨어지게 만들어라. 아래로 떨어지게 된다는 것을 한 번 깨닫고 나면 더 이상 이 같은 행동을 하지 않을 것이다.

🍃 전선을 씹는다

알다시피, 전선을 씹는 것은 매우 위험한 행동이기 때문에 당장 중단시켜야 한다. 전선 주위에 고양이가 싫어하는 물질, 예를 들어 핫소스나 오렌지, 레몬 조각, 비터애플(시중에서 판매하는 물어뜯기 방지제)을 발라둔다. 문제가 계속되면 철물점이나 전파사에서 두꺼운 전선 보호 제품을 사서 전선에 씌운다.

🍃 먹이를 숨긴다

어떤 고양이는 식사를 끝내고 나면 밥그릇을 옷이나 종이 등으로 덮어 '위장'을 하곤 한다. 이는 먹고 남은 사냥감을 나중에 돌아와 다시 먹을 수 있도록 숨겨놓는 버릇을 가진 옛 조상에게서 물려받은 고양이 특유의 본능 때문이다.

🍃 아무런 이유 없이 끊임없이 야옹거리고 신음소리를 내거나 길게 울부짖는다

고양이의 '과다 발성'은 여러 가지 원인이 있다. 가령 샤미즈 같은 일부 종들은 놀랍도록 시끄러운 소리를 내는데, 익숙해지는 수밖에 도리가 없다. 그러나 원래 조용했던 고양이가 갑자기 주인에게 이런 '음성 공격'을 가한다면 고양이에게 무언가 문제가 있다는 뜻이다.

물론 발정기가 온 비중성화 암컷이 짝을 부르거나, 그 부름에 수컷이 응답을 하는 경우일 수도 있다. 하지만 뇌종양, 인지기능 장애, 신체적 고통 등여러 다양한 원인이 있을 수도 있다. 그러나 대부분의 경우 단순히 관심을 얻기 위해 소리를 내는 것이다. 문제가 계속된다면 수의사와 상의하라.

🍃 물그릇이 아니라 흐르는 물을 마시길 좋아하며, 물이 새는 수도꼭지를 핥아 먹는 버릇이 있다

고양이는 어쩌면 태생적으로 고여 있는 물보다 신선해 보이는 흐르는 물을 좋아하는지도 모른다. 그런 이유에서 몇몇 고양이용품점에서는 고양이용 자동급수기를 판매하기도 하는데, 많은 고양이들이 이 식수용 분수대를 신선한 물로 인식한다.

🍃 울이나 다른 천을 쪽쪽 빨거나 잘근거린다

우리에게는 괴상해 보이지만 고양이들 사이에서는 흔히 볼 수 있는 행동으로, 그 원인은 유전적 성향에서부터 무료함을 달래기 위한 것 등 여러 가지가 있을 수 있다.(특히 샤미즈에게 자주 나타난다.) 고양이는 특히 모직 천을 좋아하는데, 사냥감과 냄새와 감촉이 비슷하기 때문이다. 만약 고양이가 천 조각을 먹거나 이런 행동이 파괴적인 수준으로까지 발전한다면, 최선의 해결책은 그런 물건을 고양이의 손에 닿지 않도록 치워두는 것뿐이다.

🍃 울 때 울음소리가 나지 않는다

이런 현상을 '소리 없는 울음소리'라고 부른다. 그러나 사실 이는 사람에게만 들리지 않을 뿐이다. 고양이가 내는 소리가 사람의 가청 영역대보다 높기 때문에 들리지 않는 것에 불과하다.

🍃 바닥에 엉덩이를 문지른다

고양이의 항문취선이 가득 차거나 압력이 강해져 손으로 직접 비워주어야 할 필요가 있을 때 이런 행동을 하게 된다. 동물병원을 찾아가면 간단하게 해결할 수 있다. 만약 고양이의 이런 행동을 무시할 경우 가득 찬 항문취선이 파열될 수도 있으니 유의하라.

고양이가 나의 음악 취향을 싫어하는 것 같다

음악에 아무 관심도 보이지 않는 고양이도 물론 있지만, 어떤 고양이들은 특정 음악가나 장르에 매우 강렬하고 부정적인 반응을 보이기도 한다. 예를 들어 갑작스러운 소음을 질색하는 고양이들은 록음악을 싫어한다. 또 많은 고양이들이 높은 음정을 들으면 초조해하는데, 새끼 고양이가 곤경에 빠졌을 때 내는 울음소리와 비슷하기 때문이다. 만약 CD를 틀 때마다 고양이가 신경질을 내거나 불안해하는 듯 보인다면 그 음악을 포기하거나 적어도 볼륨을 낮추기 바란다.

고양이가 강박증에 가깝게 발톱을 물어뜯는다

대부분 이런 행동은 사람들이 손톱을 신경질적으로 물어뜯는 버릇과 흡사하다. 주변 환경에 스트레스를 유발하는 원인이 있는지 조사해보고, 이를 완화시키거나 제거한다.

고양이가 욕실 수납장이나 부엌 찬장, 빨래 바구니 등 부적절한 장소에서 잠을 잔다

먼저 그 장소에 고양이가 접근하지 못하도록 막거나, 불쾌함을 느낄 만한 장소로 만든다. 그런 다음 고양이가 매력을 느낄 만한 다른 장소를 골라 편안한 잠자리를 마련해주고, 간식이나 캣닙으로 자극을 주어 첫 경험을 즐거운 것으로 만들어준다.

화분을 파헤치거나 화분에 볼일을 본다

화분 위쪽을 알루미늄 호일로 막고, 화분 주위도 호일로 두른다.(고양이는 알루미늄 호일의 느낌을 매우 싫어한다.) 그러나 고양이의 접근을 막겠다고 고양이가 싫어하는 좀약을 사용해서는 안 된다. 주성분인 나프탈렌이 고양이에게는 독극물이나 마찬가지이기 때문이다.

🐾 만져달라고 투정을 부리다가도 막상 손을 대면 하악질을 하거나 물건을 긁어대거나 몇 초 만에 금세 도망가버린다

사람과의 상호작용에 대한 고양이의 모순된 심정을 반영하는 행동이다. 사람이 쓰다듬어주면 고양이는 기분이 좋아진다. 그러나 한편으로 고양이의 본성상 이는 매우 부자연스러운 일이기 때문에 금세 반발하게 된다. 즉, 어떤 고양이들에게는 이러한 당황스러운 감정이 스스로 먼저 접촉을 유도한 다음 과장될 정도로 거부하는 방식으로 나타나는 것이다. 최선의 해결책은 고양이가 얌전히 굴 때에만 쓰다듬어주는 것이다. 그런 다음 심경에 변화가 생겼다는 조짐이 조금이라도 나타나면 손을 뗀다.

🐾 풀을 먹는다

고양이는 영양소를 섭취하거나 소화를 촉진하기 위해 식물을 씹어 먹기도 한다. 이유가 무엇이든 고양이가 풀을 섭취하는 것은 자연스러운 일이며 결코 위험하지 않다. 단, 다음 두 가지 사항에 주의하라. 첫째, 실내 고양이가 집 안 화분에 심어진 식물(고양이에게 독성이 있는 것이 많다.)을 먹지 못하게 하라. 둘째, 최근에 화학약품을 뿌린 정원에 내보내지 말라.

🐾 자율성이 부족하고 스스로 몸단장을 하지 않으며, 평균 이히의 지능을 보인다

수의사와 상의하라. 어쩌면 실수로 고양이가 아니라 개를 입양한 것인지도 모른다.

도움을 받을 수 있는 단체

다음은 고양이를 키우는 이들이 유용한 정보와 도움을 얻을 수 있는 곳들이다. 고양이뿐 아니라 반려동물·야생동물·실험동물 등 전반적인 동물 보호를 위해 활동하고 있는 단체도 포함했다.

고양이라서 다행이야   cafe.naver.com/ilovecat.cafe
냥이네   cafe.naver.com/clubpet
두 곳 모두 온라인상의 대표적인 애묘인 커뮤니티다. 고양이에 대한 일반 지식, 고양이용품 사용 후기, 동물병원 정보 등 여러 유용한 정보를 얻을 수 있다.

한국고양이협회(코리아캣클럽)   www.coreacatclub.org
고양이애호가협회(The Cat Fancier's Association, CFA)에 가입되어 있으며, 정기적으로 캣쇼를 개최하고 있다.

한국캣클럽   www.kocc.or.kr
국제고양이협회(The International Cat Association, TICA)에 가입되어 있으며, 정기적으로 캣쇼를 개최하고 있다.

한국고양이보호협회   www.catcare.or.kr
'길고양이를 돌보는 사람들'이 뜻을 모아 만든 동물보호 시민단체. 인도적인 길고양이 TNR(Trap-Neuter-Return, 포획-중성화-재방사) 사업 등 길고양이의 보호 및 학대 방지 활동을 벌이고 있다.

KARA (Korea Animal Rights Advocates) www.ekara.org (02) 3482-0999
동물보호 시민단체로, 유기동물 구조 및 보호, 반려동물 식용 금지 운동 등 다양한 활동을 벌이고 있다.

동물자유연대 www.animals.or.kr (02) 2292-6337
사람이 관리하는 모든 동물의 인도적 대우를 위해 각종 활동을 벌이고 있다.

용어 정리

그루밍 혀로 털을 단장하는 행동.

발톱 절제술 인간의 손가락 끝을 절단하는 것에 비할 수 있는, 고양이의 앞발톱을 제거하는 수술. 일부 국가에서는 동물학대로 간주된다.

성묘 생후 1년 이상의 다 자란 어른 고양이.

셰이드 고양이 털색의 유형을 가리키는 용어 중 하나. 보호털의 끝에서부터 털 밑동 쪽으로 절반 정도에만 색이 있고, 속털은 대부분 흰색인 것을 말한다.

스크래칭(발톱 갈기) 낡은 발톱을 벗겨내고 자신의 영역을 표시하기 위해 발톱을 가는 행동.

스프레잉 중성화되지 않은 수컷이 영역 표시를 위해 오줌을 뿌리는 행동. 간혹 집 안에 새 식구가 들어오는 등 불안감을 느낄 때에도 나타난다.

실내 고양이 실내에서만 생활하는 고양이.

실외 고양이 실외에서 생활하는 고양이.

야콥슨 기관 고양이의 입천장에 위치한 감각기관으로, 다른 고양이의 성적 흥분 상태를 감지할 수 있다.

오드아이(odd-eyed) 양쪽 눈의 색깔이 다른 경우.

자묘 생후 1년 미만의 어린 고양이.

중성화 수술 수컷의 경우 고환을 제거하고, 암컷의 경우 난소를 절제하는 불임 수술.

채터링 고양이의 사냥꾼 기질이 발동되어 이빨을 달그락달그락거리며 부딪치는 소리.

캣닙(개박하) 고양이가 좋아하는 박하과의 식물로, 고양이에게 일종의 대마초처럼 황홀경을 느끼게 해준다.

코비형 짧고 땅딸막한 고양이의 체형을 일컫는 말. 페르시안이 대표적이다.

태비 고양이의 털 무늬를 가리키는 용어 중 하나로, 특유의 얼룩무늬를 말한다. 태비는 집고양이뿐 아니라 야생 고양이에게서도 흔히 볼 수 있으며, 주변 환경에 섞여 쉽게 눈에 띄지 않게 하는 훌륭한 위장술의 역할을 해준다.

포인트 고양이의 털 무늬를 가리키는 용어로, 주로 얼굴·귀·다리·발·꼬리에 몸통보다 어두운 색상의 털이 나 있는 것을 말한다.

플레멘 반응 입술을 말아 올려 마치 웃는 듯한 표정을 짓는 행동으로, 실제로는 입천장 안쪽의 야콥슨 기관으로 냄새를 전달하기 위한 것이다.

하악질 잠재적인 공격자에게 높게 경고하는 소리. 고양이가 고통을 느끼고 있다는 뜻이기도 하다.

헤어볼 몸단장 도중 빠진 털을 삼켰다가 소화기관 안에서 뭉쳐진 상태로 입으로 토해내는 것.

옮긴이 박슬라

연세대학교 인문학부에서 영문학과 심리학을 전공했으며, 전문 번역가로 활동하고 있다. 옮긴 책으로는 《고양이 아이큐 테스트》《캣 위스퍼러》《한니발 라이징》《경제학의 검은 베일》, 애거서 크리스티 전집 중 《구름 속의 죽음》《3막의 비극》등이 있다.

고양이 집사 사전

그림으로 쉽게 배우는 생애주기별 건강, 심리, 문제 행동, 노화, 스트레스 관리

1판 1쇄 펴낸 날 2020년 11월 10일

지은이 데이비드 브루너, 샘 스톨
그   림 폴 키플, 주드 버펌
옮긴이 박슬라
주   간 안정희
편   집 윤대호, 채선희, 이승미, 윤성하, 이상현
디자인 김수혜, 이가영, 김현주
마케팅 함정윤, 김희진

펴낸이 박윤태
펴낸곳 보누스
등   록 2001년 8월 17일 제313-2002-179호
주   소 서울시 마포구 동교로12안길 31 보누스 4층
전   화 02-333-3114
팩   스 02-3143-3254
이메일 bonus@bonusbook.co.kr

ISBN 978-89-6494-467-7 03490

＊이 책은《고양이 상식사전》(2011)의 개정판입니다.

• 책값은 뒤표지에 있습니다.
• 이 도서의 국립중앙도서관 출판예정도서목록(CIP)은 서지정보유통지원시스템 홈페이지(http://seoji.nl.go.kr)와
  국가자료공동목록시스템(http://www.nl.go.kr/kolisnet)에서 이용하실 수 있습니다.(CIP제어번호: CIP2020044359)

강아지 니트 손뜨개

애플민트 지음 | 정유진 옮김
128면 | 12,800원

강아지 영양학 사전

스사키 야스히코 지음 | 박재영 옮김
240면 | 14,800원

강아지 육아 사전

샘 스톨 외 지음 | 폴 키플 외 그림
문은실 옮김 | 272면 | 13,800원

강아지가 좋아하는 모든 것

아덴 무어 지음 | 조윤경 옮김
192면 | 8,800원

개는 어떻게 말하는가

스탠리 코렌 지음 | 박영철 옮김 |
최재천 추천 | 392면 | 16,800원

**셜리 박사의 강아지
화장실 훈련법**

셜리 칼스톤 지음 | 편집부 옮김
144면 | 7,900원

**아픈 강아지를 위한
증상별 요리책**

스사키 야스히코 지음 | 박재영 옮김
240면 | 14,800원

애견 놀이훈련 101

카이라 선댄스 외 지음 | 김은지 옮김
208면 | 13,800원

애견 미용 베이직 교본

해피트리머 지음 | 김민정 옮김
156면 | 15,800원

**우리 개 100배 똑똑하게
키우기**

후지이 사토시 지음 | 최지용 옮김
240면 | 12,000원

**우리 개 스트레스 없이
키우기**

후지이 사토시 지음 | 이윤혜 옮김
208면 | 11,000원

고양이 맘 청소법

히가시 이즈미 지음 | 이윤혜 옮김
144면 | 10,000원

고양이 아이큐 테스트

E. M. 바드 지음 | 박슬라 옮김
144면 | 9,800원

고양이 집사 사전

샘 스톨 외 지음 | 폴 키플 외 그림
박슬라 옮김 | 272면 | 13,800원

고양이가 좋아하는 모든 것

아덴 무어 지음 | 조윤경 옮김
102면 | 8,800원

**역사상 가장 영향력 있는
고양이 100**

샘 스톨 지음 | 공민희 옮김
248면 | 8,900원

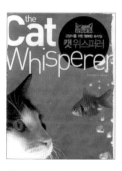

캣 위스퍼러

클레어 베상 지음 | 박슬라 옮김
278면 | 9,800원

책과 함께 지혜로운 삶을

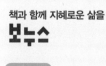

블로그
blog.naver.com/bonusbook

포스트
post.naver.com/bonusbook

인스타그램
@bonusbook_publishing

개는 어떻게 말하는가

스탠리 코렌 지음 | 박영철 옮김 | 최재천 추천 | 392면 | 16,800원

동물행동학 · 진화생물학으로 분석한 개 언어와 심리의 이해
소리, 표정, 몸짓에 담긴 개의 언어를 제대로 읽어내고 해석하는 법

강아지 육아 사전

샘 스톨 외 지음 | 폴 키플 외 그림 | 문은실 옮김 | 272면 | 13,800원

강아지를 행복하게 만드는 생애주기별 육아 상식
그림으로 쉽게 배우는 건강, 심리, 문제 행동, 노화, 스트레스 관리

고양이 집사 사전

샘 스톨 외 지음 | 폴 키플 외 그림 | 박슬라 옮김 | 272면 | 13,800원

고양이의 자존심을 지키는 생애주기별 필수 지식
그림으로 쉽게 배우는 건강, 심리, 문제 행동, 노화, 스트레스 관리

강아지 영양학 사전

스사키 야스히코 지음 | 박재영 옮김 | 240면 | 14,800원

식재료별 영양 정보와 영양소별 효능을 살펴본다!
애견의 질병 치료를 위한 음식과 영양소 해설

아픈 강아지를 위한 증상별 요리책

스사키 야스히코 지음 | 박재영 옮김 | 240면 | 14,800원

음식으로 만성질환과 생활습관병을 물리친다!
피부병, 장염, 외이염, 구내염, 비만을 고치는 애견 치료식